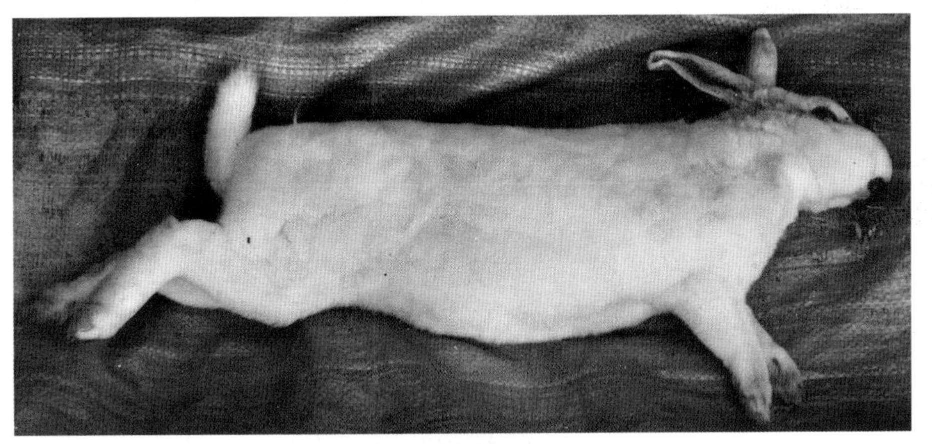

兔瘟：尸体僵直，鼻孔出血（李峰提供）

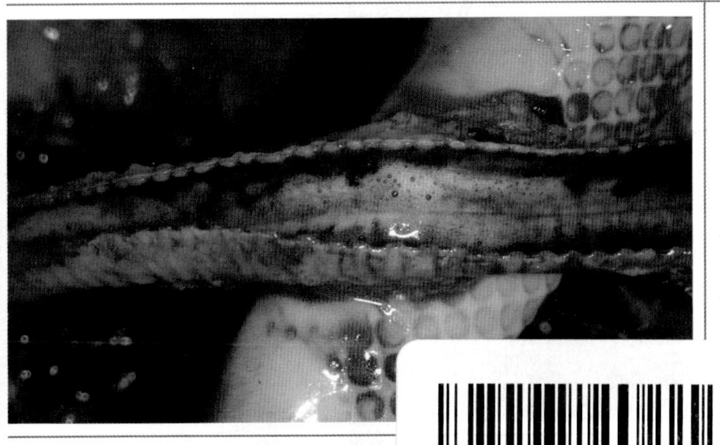

兔瘟：气管环状出血，潮红，呈现“红气管”特征，内有泡沫状黏液（李峰提供）

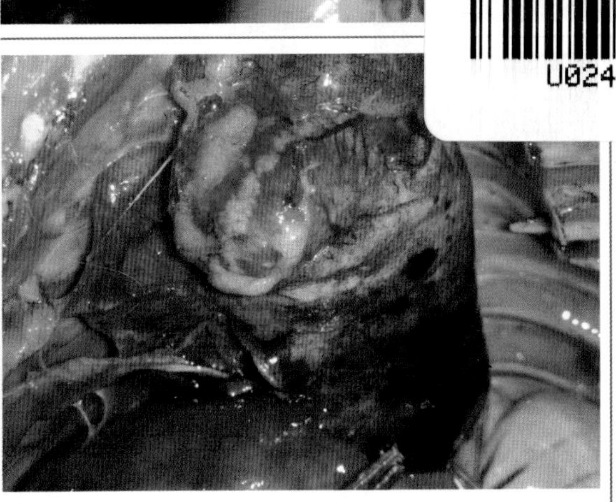

兔瘟：肺脏水肿，有点状与弥漫性片状出血（李峰提供）

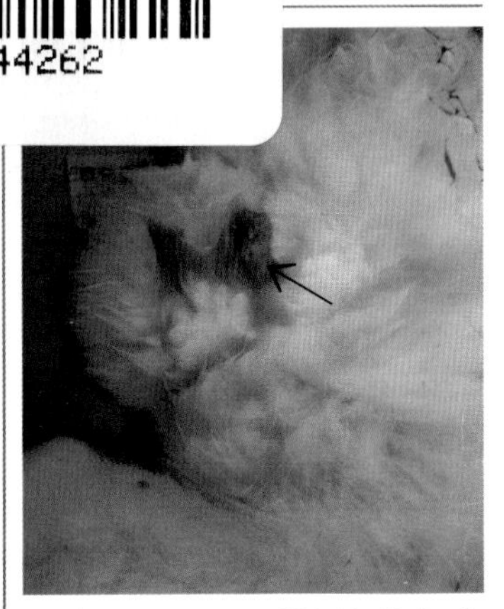

兔瘟：肛门周围被淡黄色粪便或黏液污染（李峰提供）

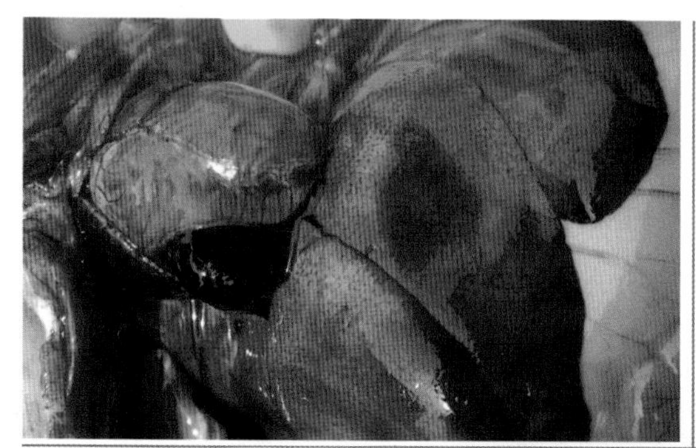

兔瘟：肝脏肿大、呈土色黄、质脆（李峰提供）

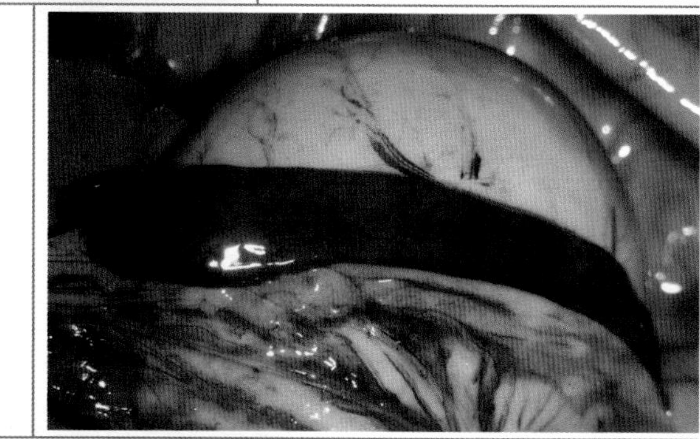

兔瘟：脾脏肿大，呈紫黑色，胃内积存大量食物（李峰提供）

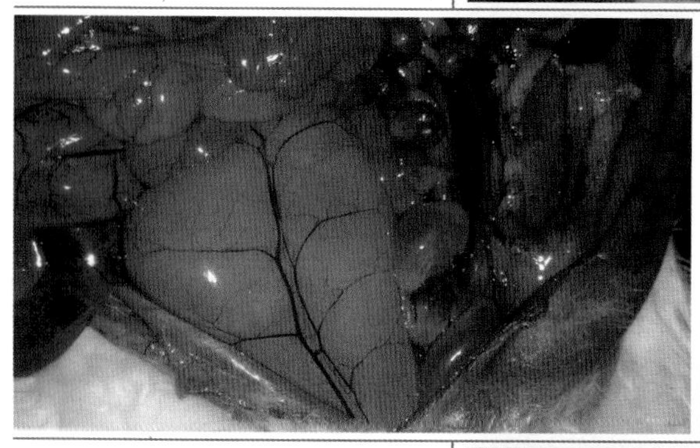

兔瘟： 膀胱积尿（李峰提供）

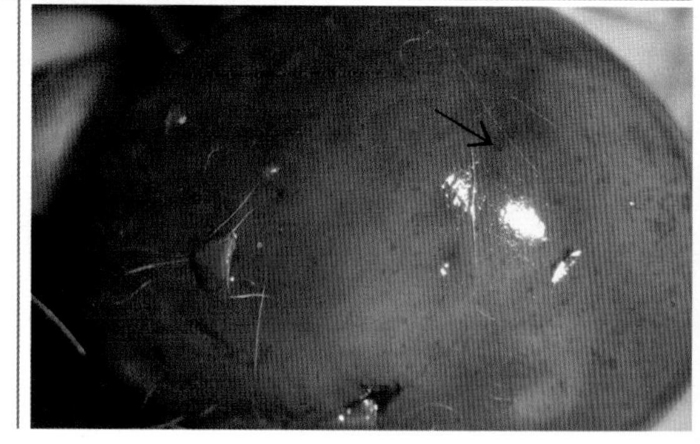

兔瘟：肾脏肿大，被膜下有大小不一的出血点（李峰提供）

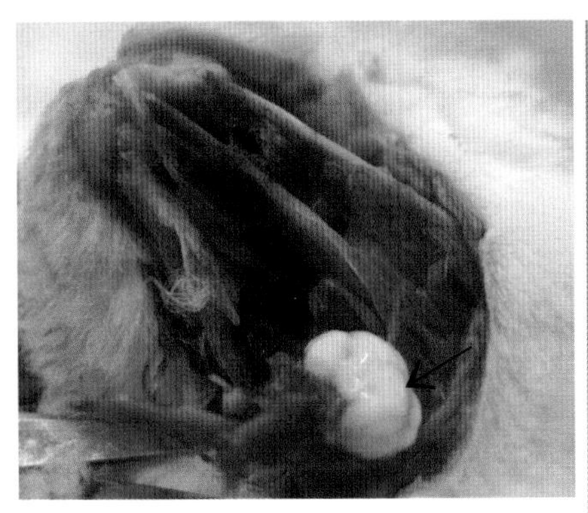

兔巴氏杆菌病：鼻窦内充满奶油色脓汁 （莫玲提供）

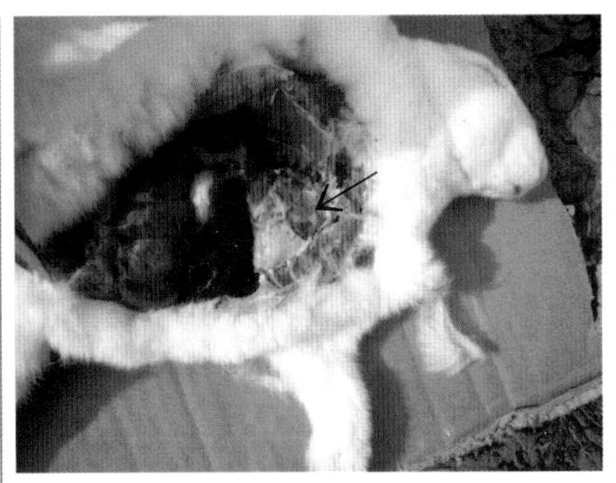

兔巴氏杆菌病：纤维素性化脓性胸膜肺炎，肺脏表面充满脓汁（莫玲提供）

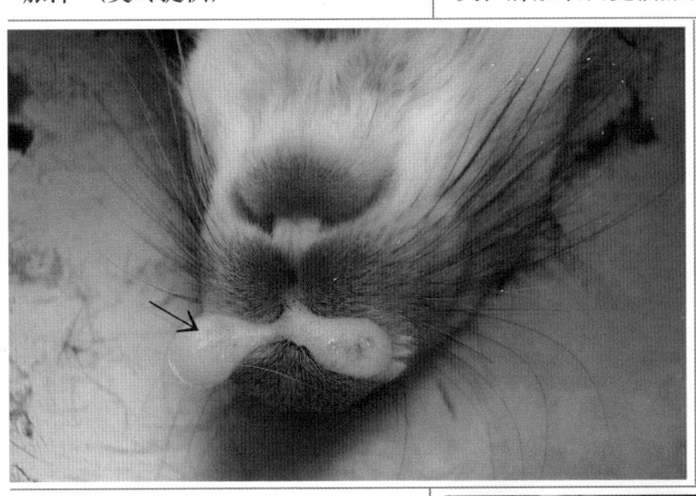

兔巴氏杆菌病：急性死亡病兔，鼻孔有白色泡沫（刘吉山提供）

兔巴氏杆菌病：鼻腔有黏性分泌物，结痂，病兔呼吸困难（李峰提供）

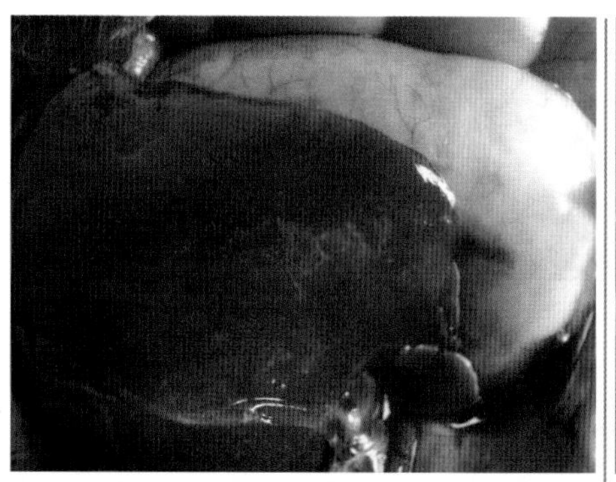

兔巴氏杆菌病：肝脏有米粒大小的白色坏死点（刘吉山提供）

兔巴氏杆菌病：气管内充满泡沫（刘吉山提供）

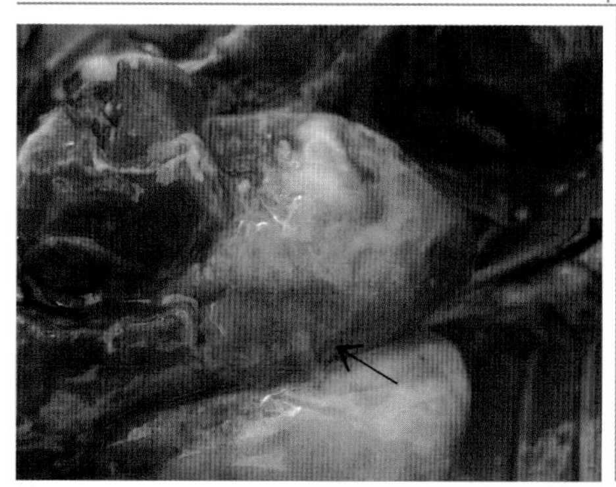

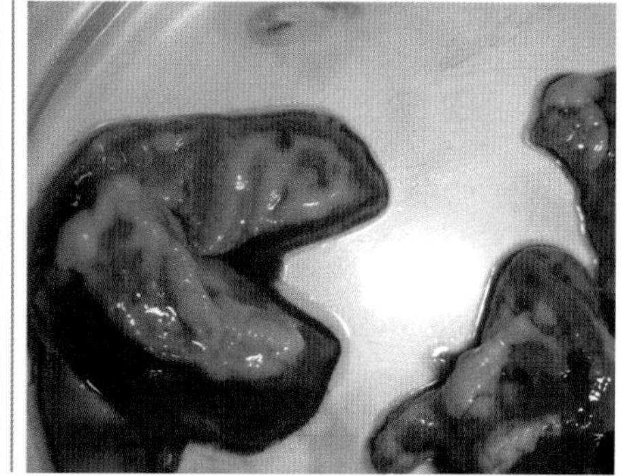

兔波氏杆菌病：肺部脓肿，切开可见脓汁（李峰提供）

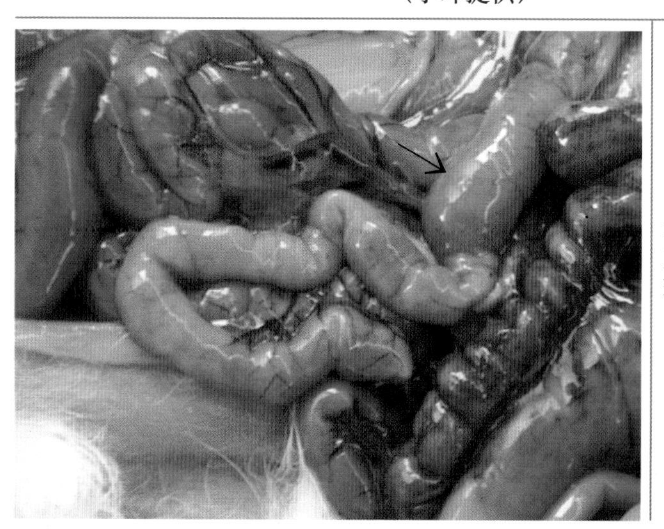

兔大肠杆菌病：小肠充满黄色内容物（莫玲、刘吉山提供）

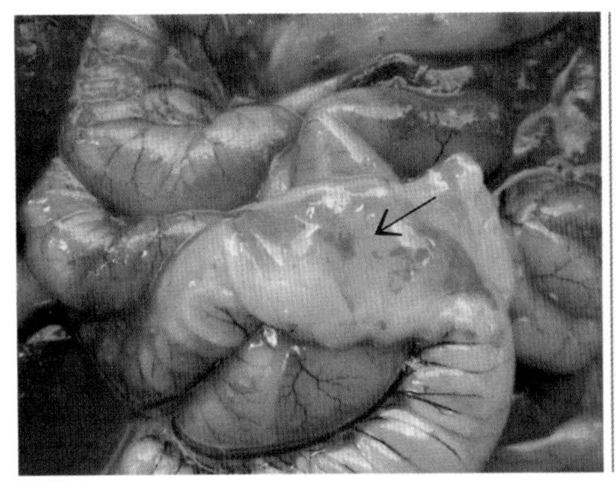

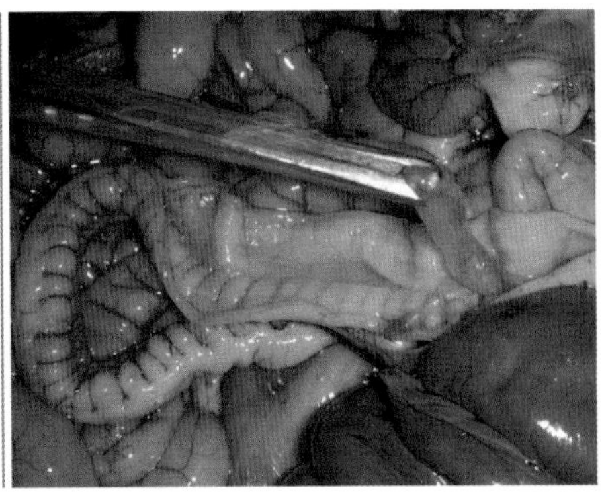

兔大肠杆菌病：空肠肠壁薄、扩张而透明，结肠内充满半透明果冻样物
（莫玲、刘吉山提供）

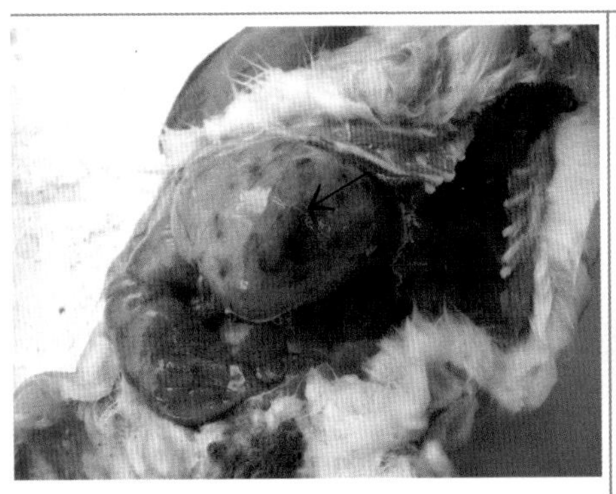

兔魏氏梭菌病：胃溃疡，胃浆膜层有黑色霉斑样病灶（王玉茂提供）

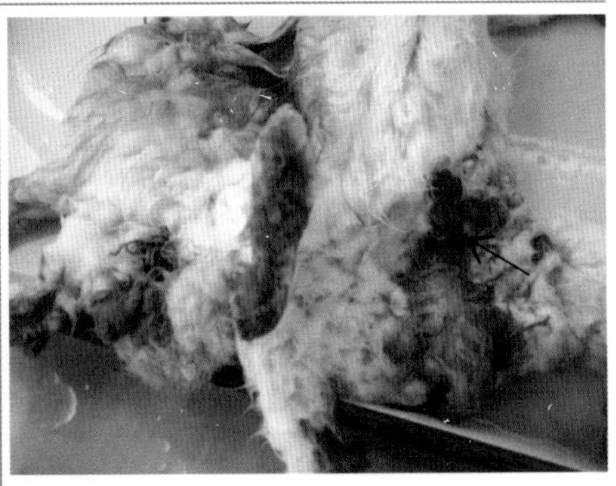

兔魏氏梭菌病：肛周及后肢粘染灰黑色稀便（莫玲提供）

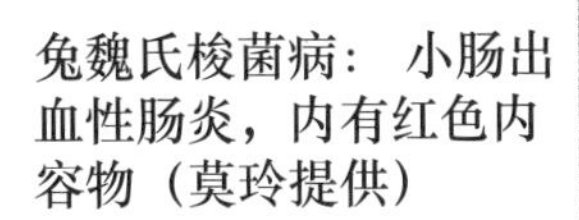

兔魏氏梭菌病：小肠出血性肠炎，内有红色内容物（莫玲提供）

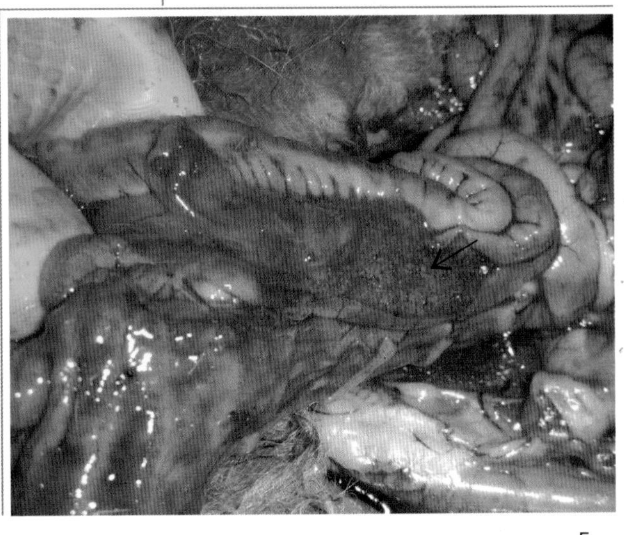

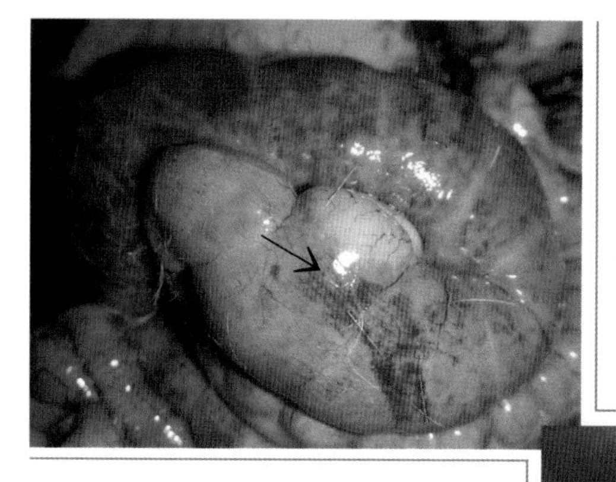

兔魏氏梭菌病：盲肠浆膜层有条纹状或斑点样出血（莫玲提供）

兔魏氏梭菌病： 膀胱内有血尿，呈深红色（刘吉山提供）

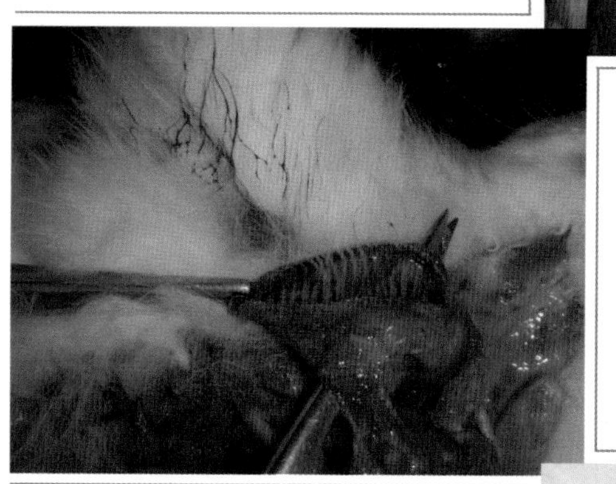

兔肺炎球菌病：气管黏膜充血，出血（李书光提供）

兔肺炎球菌病：肺部有大量出血斑、化脓性实变、脓肿（李书光提供）

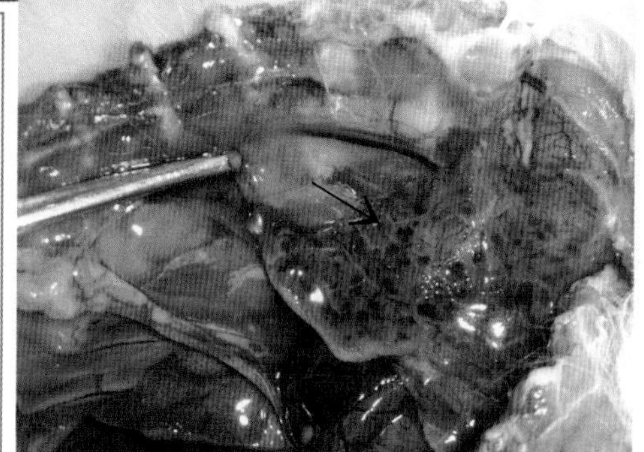

兔癣：兔嘴、鼻部毛脱落
（刘吉山提供）

兔葡萄球菌病：脚皮炎
（莫玲提供）

兔癣：兔头部毛全部脱落
（谢金文提供）

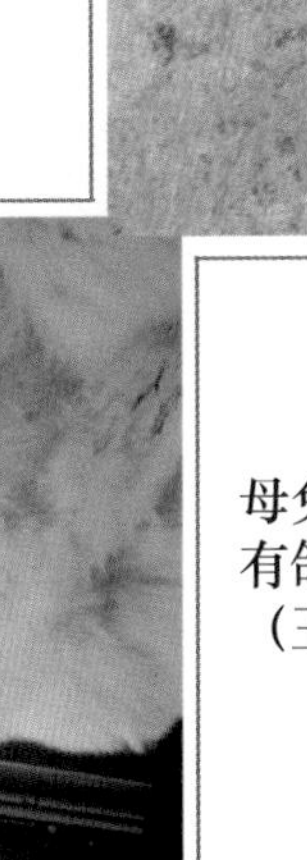

母兔葡萄球菌病：乳房炎，乳房部有鸽蛋大小的脓肿，乳头干瘪
（王玉茂提供）

兔疥螨病：口、鼻、耳郭外侧皮肤呈现结痂（谢金文提供）

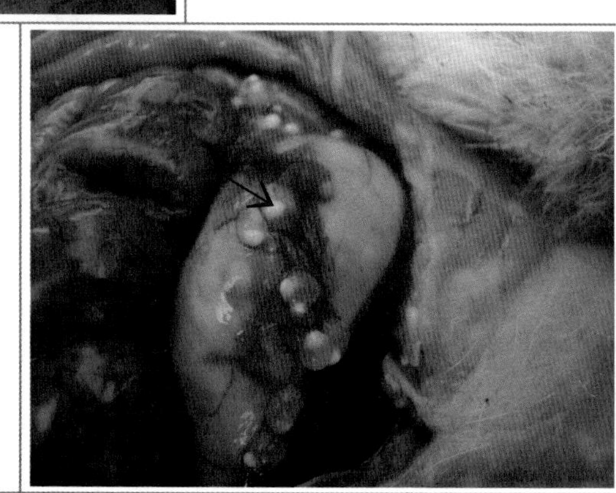

兔囊尾蚴病：寄生在胃大弯处的豆状囊尾蚴囊泡，内有白色头节（刘吉山提供）

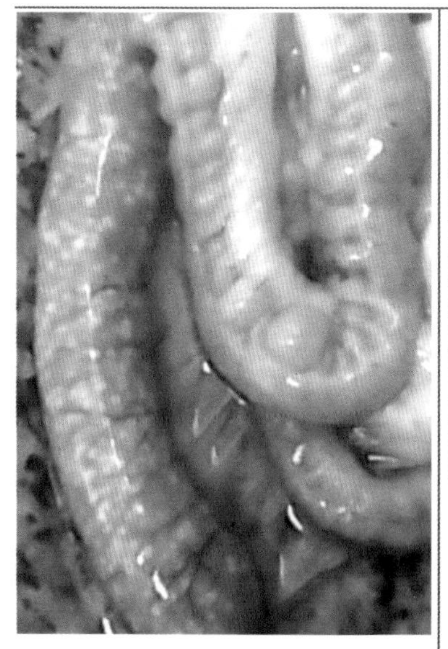

兔肠球虫病：肠道黏膜层有白色米粒大小的结节（谢金文提供）

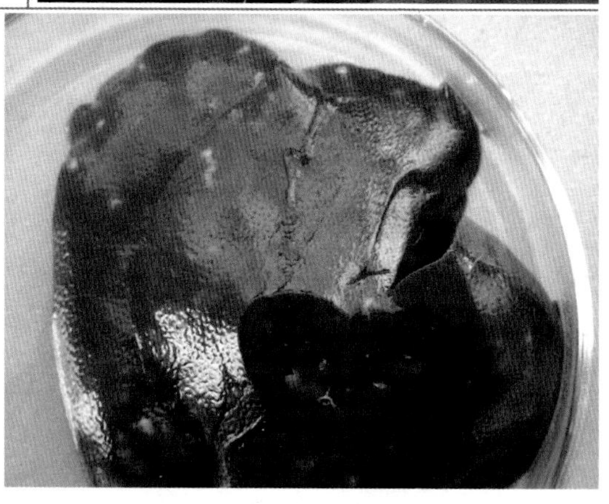

兔肝球虫病：肝脏有黄白色大米粒大小结节（刘吉山提供）

兔场流行病防控技术

主　编

刘吉山　王玉茂　张松林

副主编

李　峰　王金良　肖跃强

编著者

谢金文　莫　玲　李书光

苗立中　刘仰水　崔　平

金盾出版社

内 容 提 要

本书由山东省滨州畜牧兽医研究院刘吉山副研究员等编著。刘吉山同志从事兔病临床及研究工作15年，积累了丰富的兔病防治经验。本书结合了目前兔病防治最新进展，旨在帮助规模化兔场构建以防控传染病为主的高效生物安全体系，内容包括：家兔疾病诊疗基础知识、兔场常用药物及生物制品、消毒剂的选择与应用、规模化兔场生物安全体系的建立及流行病防控。内容浅显易懂，实用性、可操作性强，图文并茂，适合规模化兔场兽医技术人员、兽医从业人员阅读使用，也可供中小养兔场及广大个体养殖户学习和参考。

图书在版编目(CIP)数据

兔场流行病防控技术/刘吉山，王玉茂，张松林主编．-- 北京：金盾出版社，2013.1

ISBN 978-7-5082-7842-1

Ⅰ.①兔… Ⅱ.①刘…②王…③张… Ⅲ.①兔病—防治 Ⅳ.①S858.291

中国版本图书馆 CIP 数据核字(2012)第193050号

金盾出版社出版、总发行

北京太平路5号(地铁万寿路站往南)

邮政编码：100036 电话：68214039 83219215

传真：68276683 网址：www.jdcbs.cn

封面印刷：北京印刷一厂

彩页正文印刷：北京燕华印刷厂

装订：北京燕华印刷厂

各地新华书店经销

开本：850×1168 1/32 印张：6.5 彩页：8 字数：155千字

2013年1月第1版第1次印刷

印数：1～8 000册 定价：15.00元

序

近年来，我国养兔业蓬勃发展，饲养方式由小规模、开放式饲养向规模化、集约化饲养方式转变。高度集约化生产方式便于专人管理，饲养密度大幅提高，饲料报酬提高，大大提高了劳动生产率，但也使家兔疾病的发病机会大大增加，要求的专业化程度也越来越高，精细化管理已经提到了兔场管理的日程上来。但是，从全国家兔养殖现状来看，“三低三落后”（即成活率低、繁殖率低、经济效益低；思想认识落后、技术落后、管理落后）的现象仍较普遍，已成为制约我国养兔业发展的瓶颈。

为了解决这一问题，首先要控制常发传染病，减少疫病造成的经济损失。为此，一批长期从事兔病临床工作的中青年专家特编写该书。该书对规模化兔场常见传染病诊断、预防与治疗提出独特、适当的控制措施，并建立兔场的生物安全模式，最大限度地减少疾病对养兔业造成的损失。该书的特点是：①语言通俗易懂，并配上了大量有关兔病防治的照片，图文并茂，便于读者直观理解。②针对性强，切中目前兔病临床存在的难点、重点，并提出解决方案。③可操作性强，提出具体的操作方法，一学就会，一看就懂。④治疗成本低。书中所用药物均为市场常见品种，价廉易得，兼顾新优特品种药物。综上所述，可以说这是一本指导养殖户做好兔病防控的好书。

本书不仅适用于饲养规模在50只母兔以上的规模化兔场的基层饲养管理者与技术人员阅读，而且可作为畜牧兽医专业大专院校师生参考用书。

愿这本书能成为广大养兔者的知心朋友，成为广大养兔者增收致富的好帮手。

沈志强

沈志强，现任山东省滨州畜牧兽医研究院院长兼书记，研究员，第十、十一届全国人大代表，曾获“国家级有突出贡献的中青年专家”等荣誉。

目 录

第一章　家兔疾病诊疗基础知识

第一节　家兔生物学特性

家兔系哺乳动物纲、兔形目、兔科、穴兔属、穴兔种。虽然家兔的品种较多，但都是由野生穴兔经驯养选育而成的。因此，它们的生物学特性、生活习性和疾病病理基本相同。认识和了解家兔的生物学特性，对科学养殖，充分发挥家兔的生产性能，以及做好疾病的预防诊断是必不可少的。

一、消化道特性

（一）特异的口腔结构　家兔的上唇正中央有一纵裂，分成2片，形成豁唇，使门齿易于露出，便于采食地面生长的较为矮短的饲草、啃咬树皮等。成年兔具有发达的门齿，总共28枚牙齿中，门齿上下3对，比啮齿动物的多了1对，其中上颌2对，即除有1对大门齿外，在大门齿后面还有1对小门齿，下颌1对；上下门齿能很好地吻合在一起，左右磨合，便于磨碎食物，而且门齿前表面覆盖坚固的釉质层，便于经常性切断坚硬的食物。家兔的大门齿是恒齿，不断在生长，其在采食时不断磨短。因此，如果日粮中长期缺乏粗纤维，家兔就自然而然地啃咬木笼等物，以保持适当的齿长，或门齿会出现弯向口腔的过度生长（门齿畸形）。了解了家兔的此种特点，可以经常给家兔投放一些诸如树枝之类的硬物，同时在兔笼的设计方面做到笼内平整，尽量不留棱角，使家兔无法啃咬，以延长兔笼的使用年限。

家兔无犬齿，门齿和臼齿之间间隔较宽，臼齿发达，咀嚼面较宽,并有横嵴,便于磨碎饲料。家兔的口腔内有 4 对大的唾液腺,即腮腺、颌下腺、舌下腺和眶下腺。其中眶下腺为家兔所特有,一般哺乳动物没有这对腺体。4 对唾液腺分泌的唾液分别经导管进入口腔,便于湿润、咀嚼和吞咽食物,并对食物在口腔中进行初步消化。

(二)较为发达的胃肠 家兔的胃为单室胃,呈袋状,容积较大,占消化道总容积的 36%～38%,可容纳采食的糊状饲草料 60～80 克。家兔的肠管比较长,约 5 米,相当于其体长的 10 倍左右,容积也较大。在家兔肠道中,盲肠最为发达,长度与体长大致相当,约 50 厘米,平均直径为 3～4 厘米,一般可容纳 100～120 克左右的糊状饲草料,容积占消化道总容积的 39%～42%。其对日粮中粗纤维组分的消化起着重要的作用。

不过,与成年兔不同的是,幼兔肠道保护屏障尚未完善,在消化道发生炎症的情况下,小肠壁具有可渗透性,消化道内的有害物质容易被吸收。因此,当幼兔患肠球虫病、大肠杆菌病等消化道疾病时,小肠内发生炎症,大多数病例症状表现较为严重,多呈全身败血而死,死亡率也很高,可达 70%以上。因此,加强饲养管理,预防仔、幼兔肠道疾病是提高幼兔成活率的关键措施之一。

(三)特有的圆形球囊组织 在回肠与盲肠交接处的膨大部位有一厚壁中空的圆形球囊,即圆小囊,又称淋巴球囊,是家兔所特有的。其长径约 3 厘米、短径 2 厘米,开口于盲肠。圆小囊具有很发达的肌肉组织,囊壁含有丰富的淋巴滤胞。其具有 3 种主要功能：一是借助发达的肌肉组织,对经过回肠的食糜机械压榨；二是对经过消化的最终产物由淋巴滤胞吸收；三是不断分泌碱性液体,以中和盲肠内微生物由于生命活动所分泌的有机酸,保持盲肠微生物适宜的生存环境,促进粗纤维组分的消化。

二、胆小、易受应激

家兔耳长且大，听觉较为灵敏，常常竖起耳朵来听声响，以便奔逃而避敌害。其胆子小，在突然受到外界惊扰时，会表现出紧张、恐惧和不安的情绪。在家养的情况下，突然出现异常响声、陌生人和陌生动物如犬、猫等，都会使家兔惊慌不安，以致在笼中乱跳乱撞，同时往往做出一种声音响亮的跺脚动作"通知"伙伴，其会使全舍或某一部分家兔同样惊慌起来。受剧烈惊吓刺激后，家兔一般表现食欲减退；妊娠母兔容易流产、难产；正在分娩的母兔会咬死或吃掉初生仔兔；哺乳母兔则停止泌乳，拒绝仔兔吃奶；正在采食的兔子，受到惊吓往往会停止采食。因此，保持兔舍的环境安静，对养好家兔很重要。兔舍不要与机器厂房建在一起。在饲养管理操作过程中，动作要轻要稳，不要大声喧哗，尽量避免发出使兔群惊恐的声响，尽量少让陌生人参观，同时要避免犬、猫等动物进入兔舍。

三、对高温敏感

家兔汗腺不发达，很难通过排汗来调节体温，加上被毛密集，更使体表热量不易散发，这是家兔怕热的主要原因。被毛浓密，又使家兔具有较强的抗寒能力，但仔兔和幼兔的抗寒能力较弱，仍然需要注意保暖。一定要注意"大兔怕热，小兔怕冷"这一特点。

家兔主要靠呼吸、大小便和口腔调节体温。生长发育的适宜温度为 15～25℃，临界温度为 5～30℃，若高于 30℃或低于 5℃，容易引起家兔中暑或冻伤，并且导致食欲减退，繁殖力下降。一般来说，在兔舍建筑设计或日常管理中，防暑比防寒更为重要，在炎热季节要重点做好防暑降温工作。因此，兔场周围宜多栽树，以挡风，遮阴，调节舍温等。在严冬季节，则兔舍应以防寒为主。

四、食 粪 性

家兔在正常情况下能排出两种粪便，一种是颗粒状粪球，较硬，称为硬粪，多在白天排出；另一种为团状粪便，较软，称为软粪，多在夜间(主要是凌晨)排出。软粪一经排出便被自己直接从肛门吞食，不易被人们觉察，这称为食粪性，又称食粪癖。家兔吃自己粪便的特性从其出生后会吃草料开始，不会间断，伴其终身。此行为并非完全发生于夜间，有时家兔白天也食硬粪，通常软粪几乎全部被自己吃掉，所以很少能看见软粪的存在，只有家兔患病时可能会停止食粪，这是一种先天性、正常的生理现象。家兔在 3 周龄开始吃软粪，6 周龄前吞食量较少，6 周龄后每天吞食 50 克左右，一般在每天最后一次采食饲料后 4 小时开始排软粪，吃软粪多在黑暗安静时进行。食粪姿势多呈坐立式，两前肢离地竖起，两后肢呈“八”字形，口对肛门，边排边食，经咀嚼后吞下。软粪一经排出肛门即被吃掉，家兔不吃其他兔排出的或落到地板上的软粪。

研究证实，软粪是盲肠深部的内容物，呈暗色、串状并带有包膜，富含氨基酸和 B 族维生素等多种营养物质。据报道，家兔软粪干物质中蛋氨酸含量为 0.47%，赖氨酸为 1.24%，分别为硬粪中含量的 2.76 和 1.88 倍。表 1-1 为 100 克软粪干物质中 B 族维生素含量。

表 1-1　100 克软粪干物质中 B 族维生素含量

B 族维生素	100 克软粪含量(微克)	为硬粪含量的倍数
维生素 B_1	4084	17.83
维生素 B_3	4653	2.59
维生素 B_5	18188	4.09
维生素 B_6	8402	7.20
维生素 B_{12}	2733	30.71

总之，家兔通过吞食软粪，不仅可获得大量生物学价值高的微

生物蛋白和必需氨基酸，而且还可获得大量的B族维生素和维生素K，家兔对B族维生素和维生素K的需要只通过食粪就基本上能够得到满足。由于食粪，使部分营养物质多次（至少两次）通过消化道，这种循环有助于饲料粗纤维和蛋白质等营养物质比较充分地消化和吸收。家兔的这一特点可延长其在缺食、缺水情况下的存活时间。

五、采食特性

（一）草食性、择食性　家兔属单胃草食小动物，主要采食植物的根、茎、叶和种子。家兔对饲料十分挑剔，饲草中喜食多叶性的饲草，如苜蓿、三叶草、黑麦草、麦草等；多汁饲料中喜食胡萝卜、萝卜等；精饲料中颗粒状料与粉状料相比，较喜食颗粒状料。有实验结果显示，用同样成分的配合饲料，制成颗粒状和粉状分别饲喂生长兔，不论是生长率还是饲料效能，均以颗粒状料效果更好。因此，在日常的饲养过程中，常将混合料制成颗粒状饲料。使用颗粒饲料，既能提高劳动效率和饲料利用率，又符合家兔喜欢食颗粒饲料的食性，还可满足其啃咬硬物借以磨牙的需要。

家兔在食草时，会将草一根一根地从架内拉出，先吃叶，后吃茎及根部，所剩部分连同拖出的草，往往落到承粪板上而造成浪费。采食短草时，下颌运动很快，每分钟可达170～200次。家兔还有扒槽习性，常用前肢将饲料扒出草架或饲槽，有的甚至将饲槽掀翻。因此，饲槽及草架应加以固定。

家兔对饲料的料型、质地等有明显的选择性：如喜食有甜味的饲料，喜食颗粒状饲料而不喜食粉状料等。家兔对各种饲料喜好的大体顺序是：青饲料、根茎类饲料、潮湿的碎屑状软饲料（粗磨的谷物、煮熟的豆粉、马铃薯）、颗粒状饲料、粗饲料、粉末状混合饲料；对谷物的喜好顺序是：大麦、燕麦、黑麦、小麦、玉米。

虽然家兔喜食青草、树叶、籽实和块根块茎类等植物性饲料，不喜欢鱼粉、肉骨粉等动物性饲料，但动物性饲料对家兔的生长等也是必需的。在家兔日粮中，动物性饲料所占比例不宜过高，一般不超过5%，且必须粉碎后均匀地拌在混合饲料中喂给，以满足家兔机体对动物性饲料的需要。

家兔的草食性对发展养兔生产具有十分重要的意义，因为其与人类争粮的矛盾并不突出，与养殖业的猪、禽不争饲料，所以养兔业今后的发展前景较为广阔。

（二）夜食性 在自然界中，野生兔体格弱小，没有一定的御敌能力。其生活在大自然的深山里、树根下或灌木丛中，打洞穴居。为了躲避一些天敌的袭击，在长期的进化下，野生兔形成了昼寝夜行的习性，白天静伏于洞中，夜间出洞活动和觅食。在人工饲养条件下，家兔仍保留着其祖先——野生穴兔的这种习性：白天多静伏笼中，表现十分安静，除采食时间外，常常闭目养神，而夜间表现十分活跃，频繁采食和饮水。

家兔每天采食次数多，一般为30～40次，夜间采食次数和采食量占全天的60%～75%。家兔夜间的饮水量为全天的70%左右。通常在采食干饲料后饮水。当青饲料供应充足时，饮水量相对较小，采食的干料量也随之下降。当供水不足和青饲料不足时，会明显影响哺乳母兔泌乳、吃奶仔兔和生长兔生长发育，尤其在环境温度过高的情况下更是如此。因此，根据家兔的这一习性，一方面应注意制定饲喂制度，合理安排饲养日程，晚上添加足量的夜草、饲料和饮用水。特别在炎热的夏季，由于白天气温高，食欲低，可利用夜间气温较低的特点科学调整饲喂时间，以达到提高采食量的目的；而在冬季，由于晚上时间较长且气温较低，家兔为了维持体温，对饲料的需要量较高，在饲喂时应做到“晚上喂得晚而饱，早上喂得早”，白天尽量不要妨碍家兔的休息。

（三）贪食性 家兔胃的容积大，但因胃壁较薄，收缩力较弱，且幽门开口位于胃的上部，使胃中食糜的排出较困难，而主要靠饲料的不断摄入所产生的压力排出。因此,家兔会频繁采食,具有贪食性。在粗放饲养条件下,加大饲料采食量可在一定范围内弥补饲料营养的不足。需要提醒的是,贪食过多适口性好的青绿多汁饲料,是诱发幼兔消化不良甚至腹泻的主要原因之一。实践证明,定时定量,避免过食,可使断奶幼兔腹泻病的发病率降低 30%～50%。

六、对病原敏感

家兔喜欢生活在清洁而干燥的环境中,厌恶潮湿与污浊。因此,其排粪排尿的地点都较为固定。家兔对疾病的抵抗能力较差,容易染病,干燥清洁的环境有利于家兔健康,潮湿污浊的环境容易诱发家兔发生多种疾病,同时也影响毛皮质量。

潮湿的环境利于各种细菌、真菌和寄生虫的滋生,家兔易于感染而患病,特别是皮肤真菌病、疥癣病、肠炎和幼兔球虫病,给养兔业造成较大的损失。脚皮炎是家兔养殖中最常见的疾病之一,它虽然一般不导致兔死亡,但发病率高,危害大,一旦发生将给养兔场(户)造成极大的经济损失。当笼具潮湿时,家兔的脚毛吸收水分而容易脱落,失去保护脚部皮肤的作用。而后肢是家兔体重的主要支撑点和受力部位,如果没有脚毛的保护,皮肤在坚硬不平的踏板上踩动摩擦,易形成厚厚的脚垫型脚皮炎。当受到外力伤及皮肤,没有继发感染时,会形成疤痕型脚皮炎;当皮肤外伤感染病原后,产生破溃、脓肿时,将形成溃疡型脚皮炎。家兔患脚皮炎后,食欲减退,日渐消瘦,皮毛无光泽、质量差,种兔则影响其种用价值,商品兔则影响其毛皮质量,从而带来严重的经济损失,危害极大。

兔舍内通风不畅,有害气体(主要是氨气、硫化氢和二氧化碳等)含量增加时,氧气分压较低,有害气体就会对家兔的上皮黏膜产生刺激,容易发生眼结膜炎和传染性鼻炎等;而当家兔患有传染性鼻炎时，氧气分压降低，又会加重呼吸系统的负担，容易诱发肺炎。

（一）季节对兔病发生的影响 季节不同，兔的常发病的种类不同，发病率也不同。如1～3月份气温较低，各种传染媒介（苍蝇、蚊子等）及病原体的滋生繁衍均受到一定限制，传染病发病较少，但由于天气寒冷，容易引起家兔感冒和肺炎（多为散发），此期暴发传染病较为少见。4～6月份天气转暖，传染媒介与病原复苏，此期又是家兔的产仔季节，发病率相对增高。7～9月份是盛夏酷暑季节，各种病原微生物活动猖獗，而且此期饲料、饮水等易腐败变质，容易引起中暑、中毒及各类胃肠炎等疾病，是各种传染病高发的季节，所以此期必须加强饲养管理和卫生防疫工作。10～12月份气温逐渐降低，各种病原微生物活动减弱，注意做好饲养管理和加强防寒保温工作，该期家兔发病率会明显下降，是繁殖仔兔的好季节。

（二）年龄对兔病发生的影响 家兔年龄的不同，常发的疾病也不同。老龄兔由于代谢功能与免疫功能的减退衰弱，体质下降，抗病力减弱，发病几率升高。幼龄兔特别是刚断奶的幼兔，由于消化系统发育不完全和免疫防御屏障尚不健全，易患胃肠道疾病及呼吸道疾病等。

（三）性别对兔病发生的影响 性别不同，发病多少也不同。一般来说，母兔疾病相比公兔为多，因为母兔要繁殖仔兔，所以产科疾病占相当的比例，如流产、乳房炎等。

（四）其他动物疾病对兔病发生的影响 很多疾病能在多种动物之间相互传播与感染，如弓形虫病可由猫传染给家兔，鸡的巴氏杆菌病也可以传染给家兔等。所以，当附近有其他动物发生疾病流行时，也应对家兔及时采取有效的预防措施，控制该传染病在家兔中的发生和流行。

第二节　家兔常见疾病

根据兔病发生的原因可将兔病分为传染病、寄生虫病、普通病和遗传性疾病四大类。

一、传染病

传染病是指由致病微生物（即病原微生物）侵入机体而引起的具有一定潜伏期和临床表现，并能够不断传播给其他个体的疾病。细菌、病毒等病原微生物经消化道、呼吸道、皮肤伤口、吸血昆虫叮咬以及配种等途径侵入家兔体内，并在一定的部位定居、生长繁殖，在家兔体质弱、抵抗力差时则引起不同类型的传染病。传播快、病程短、病状剧烈、死亡率高的为急性传染病；还有些病程长、病状不明显的为慢性传染病。传染病在兔病中是最重要的一类疾病，而且临床上也最多见，一旦发生，常会造成严重的经济损失，而且有些传染病还会传播给人，直接危害人类的健康。预防和控制家兔传染病的发生，不仅有利于促进我国养兔业的健康发展，而且有利于生产无公害兔产品，保护人类自身安全和健康。

家兔对许多病毒和致病菌很敏感。常见的传染病有以下3种。

（一）病毒性传染病　包括兔病毒性出血症（兔瘟）、仔兔轮状病毒病、传染性水疱性口炎、兔痘、兔黏液瘤病等。

（二）细菌性传染病　包括兔巴氏杆菌病（兔出血性败血病）、兔梭菌性肠炎（兔魏氏梭菌病）、大肠杆菌病、兔波氏杆菌病、兔肺炎球菌病、兔土拉杆菌病（野兔热）、兔李氏杆菌病、兔葡萄球菌病、兔坏死杆菌病、兔伪结核病、兔沙门氏菌病、兔结核病、兔溶血性链球菌病、兔布鲁氏菌病等。

(三)真菌性传染病 包括皮肤真菌病、深部真菌病(曲霉菌性肺炎)等。

二、寄生虫病

寄生虫病是由各种寄生虫侵入机体内部或侵害体表而引起的一类疾病。寄生虫是广泛分布于自然界中的一类低等动物,大致分为两类:一类寄生在体外的叫外寄生虫,如引起家兔疥癣病的螨虫;另一类寄生在体内的叫内寄生虫,如引起家兔球虫病的球虫等。在临床上,家兔寄生虫病的传染和发生比较普遍,有的能引起严重的疾病,并导致死亡,如兔球虫病;有的虽不引起严重的疾病,常常表现为带虫者或亚临床症状,如栓尾线虫、囊尾蚴等感染。

家兔寄生虫病属于慢性疾病,多数寄生虫病不像病毒病、细菌病等传染病危害严重,其对家兔的危害主要是毒素作用、吸取营养、机械损伤和带入病原菌引起继发感染等。兔群一旦感染寄生虫病,就会导致机体抵抗力下降,容易感染其他疾病,造成严重后果。寄生虫的长期侵袭会使家兔出现精神不振,食欲减退、营养不良,影响发育,即使饲料供应良好,生长也不良。寄生虫病对幼兔影响更大,造成腹泻,严重者死亡。外寄生虫病如疥癣病还直接影响兔毛品质,给长毛兔生产造成严重损失。因此,做好寄生虫病防治工作对兔群健康具有重要意义。在科学饲养的同时,应采取综合防治措施。目前,定期驱虫是预防家兔寄生虫病的主要措施。

常见的寄生虫病有以下 3 种。

(一)原虫病 包括兔球虫病、弓形虫病等。

(二)蠕虫病 包括线虫病、囊尾蚴病、棘球蚴病等。

(三)外寄生虫病 包括兔虱病、螨虫病等。

其中,球虫病是危害家兔最严重、感染范围最广泛的一种寄生虫病,各品种和各年龄的家兔对球虫都有易感性,断奶后至 12 周龄幼兔最易感染,死亡率高达 80%。侵害家兔的球虫约有 17 种,主要包括兔艾美耳球虫、穿孔艾美耳球虫、大型艾美耳球虫和无残艾美耳球虫。除斯狄氏属球虫寄生在家兔胆管上皮使兔患肝球虫病外，其余均寄生在肠上皮细胞，引起肠球虫病，临床上往往为两种混合感染而引起的混合型球虫病。

三、普通病

普通病(非传染病)由一般性致病因素引起的一类疾病。兔普通病常见的病因有创伤、冷、热、化学毒物和营养缺乏等。临床上比较重要和常见的普通病有营养代谢病、中毒性疾病、内外科病等。

(一)营养代谢病　是指主要因饲养管理不善或其他慢性疾病所引起的，以机体营养不良或代谢异常为主症的一些疾病，如软骨症，佝偻病，维生素 A、维生素 B、维生素 D、维生素 E、维生素 K 缺乏症，镁、铜、锌、锰缺乏症等。

(二)中毒病　是指由各种有毒物质通过各种途径进入兔机体而引起的疾病，如霉菌毒素中毒、氟中毒、有机磷化合物中毒、亚硝酸盐中毒、有机氯化合物中毒、食盐中毒等。

(三)内外科及其他病　如内科病的口炎、胃肠臌气、腹泻、中暑等；外科病的外伤、冻伤、眼结膜炎等；产科病的难产、流产、乳房炎、不孕症、生殖器炎症等。

四、遗传性疾病

遗传性疾病(遗传病)是指由于遗传因素如染色体异常等所导致的一类先天性疾病。如牛眼(水眼)、癫痫、麻痹性震颤、脊髓空洞症和肾囊肿等。

第三节 临床检查

兔病临床诊断首先需要经视诊、触诊、叩诊、听诊、嗅诊等方法进行详细的表观检查，然后剖检，并采集病料进行实验室相关检测，综合判定疾病的性质和类别，并提出可能性的诊断，为采取有效的防治措施，制定合理的饲养管理方案，达到防治动物疾病，促进健康养殖提供强有力的保证。

一、健康兔临床表现

健康兔精神饱满，眼睛明亮有神，被毛平顺浓密，有光泽而富弹性，皮肤致密结实而富有弹性，体躯各部均匀，肌肉丰满，骨骼不外露，用手触摸背脊骨，背肉丰厚，不易分辨脊骨，行动灵活，站立、躺卧姿势自然而协调，发育迅速。体温为38.5～40℃，平均为39.5℃。进食旺盛。粪便大小如豌豆，光滑均匀。耳朵应直立且转动灵活，耳、眼、口、鼻、肛门、阴门处(天然孔)无分泌物，干净，干燥，无污秽。

二、患病兔临床表现

(一)皮毛体征 首先检查皮毛变化。病兔大多精神沉郁或极度兴奋(如兔瘟)，被毛粗乱、污浊，光泽暗淡，腹泻病、寄生虫病、慢性消耗性疾病是主要诱导因素。被毛脱落，并呈灰色麸皮样结痂，可能患毛癣病或疥癣病；颌下、胸部、前爪被毛湿润，则可能患溃疡性齿龈炎、传染性水疱性口炎、大肠杆菌病、坏死杆菌病、发霉饲料中毒、有机磷农药中毒等。皮肤检查可见皮肤缺乏弹性，粗糙，检查皮下可见出血、水肿、炎性渗出、化脓、坏死、色泽等变化，皮下出血，提示兔病毒性出血症；皮下组织出血性浆液性浸润，提示兔链球菌病；皮下水肿，可提示黏液瘤病；颈前淋巴结肿大或水肿，提示李氏杆菌病。腹部、背部或其他部位皮肤皮下化脓病灶，提示葡萄球菌病、兔痘、多杀性巴氏杆菌病；母兔乳房和腹部皮肤呈暗紫色或有脓肿，皮下结缔组织化脓，脓汁乳白色或淡黄色油状，则提示化脓性乳房炎；皮下脂肪、肌肉及黏膜黄染，提示肝片吸虫病；口腔、下颌部和胸前部皮肤坏死并有恶臭，可能患坏死杆菌病，同时注意有无外伤；公兔睾丸皮肤有糠麸样皮屑，肛门周围及外生殖器官的皮肤有结痂，可能患梅毒；若阴囊水肿，包皮、尿道、阴道出现丘疹，则可疑为兔痘。

（二）躯干、四肢体征 检查躯干、四肢有无异样也是判定患病兔的重要手段。病兔消瘦露骨，触摸脊柱骨凸起似算珠，两旁凹削，则可能患寄生虫病或慢性疾病，如球虫病、肝片吸虫病、伪结核病、结核病、慢性巴氏杆菌病、慢性波氏杆菌病、腹泻及疥螨等；行动迟缓，姿态异常，若站立时两脚频频交替负重，严重者后肢不敢着地，有的表现为“八”字形腿和“O”形腿，不能正常站立，则可能患疥螨或脚皮炎；全身痉挛，可能患有脑膜脑炎、急性巴氏杆菌病，脓毒败血型葡萄球菌病，病毒性出血症，李氏杆菌病，球虫病，钙、镁缺乏症，维生素A缺乏症，有机磷农药中毒，食盐中毒及某些遗传病等；整个兔体强直，可能患破伤风。

（三）五官体征 通过检查眼睛、口、鼻、耳朵等五官也是判定家兔是否患病的主要依据。健康兔的眼睛圆而明亮，活泼有神，眼角干净无脓性分泌物。若眼睛呆滞，半睁半闭，对声音、光线等外界刺激反应迟钝，则为患病或衰老的象征；若眼睛有黏液、脓性分泌物，精神委靡，可能患慢性巴氏杆菌病、结膜炎；若眼结膜呈潮红、苍白、发绀、黄染等症状，均为患病的表现，结膜苍白，多为急性肝、脾大出血或严重的消耗性疾病；结膜黄染、消瘦，可能患肝片吸虫病、球虫病等；结膜发绀，多因热性传染病如巴氏杆菌病所致。

病兔歪头，可能患巴氏杆菌性中耳炎、兔脑炎原虫病、葡萄球菌病、绿脓杆菌感染、耳螨病、维生素A缺乏症、维生素E缺乏症、李氏杆菌病、链霉素中毒、遗传性疾病等;转圈,可能患李氏杆菌病。家兔频频舔拭肛门,可能患有栓尾线虫病。

正常耳朵应直立且转动灵活,如下垂则可能因抓兔方法不当或受外伤、冻伤所致。耳壳内应清洁,耳尖、耳背无结痂,如耳内有结痂,则可能患痒螨或中耳炎。健康的白色家兔耳色粉红,如用手握住感觉过热,耳呈红色,则为发热;用手握住感觉发凉,耳色青紫,则可能患有重病。

(四)呼吸系统体征 上呼吸道检查主要查鼻腔、喉头黏膜及气管环间是否有炎性分泌物、充血和出血。健康家兔鼻孔干燥,周围的毛须洁净。若鼻腔内有白色黏稠的分泌物流出或者打喷嚏,呼吸急促和有鼾声等,表明此兔可能患呼吸道病,如巴氏杆菌病、波氏杆菌病等疾病;鼻腔流浆液性或脓性分泌物,则提示巴氏杆菌病、波氏杆菌病、李氏杆菌病、兔痘、绿脓杆菌病等;鼻孔内流出混有血液的泡沫,喉头、气管黏膜出血,呈现出血环,则可能是兔瘟;喉炎、支气管炎、斑疹,则提示兔痘;容易导致家兔流鼻液的疾病还有感冒、肺炎双球菌、克雷伯氏菌病、霉形体病、沙门氏菌病、弓形虫病、葡萄球菌病、溃疡性齿龈炎、敌鼠钠盐中毒、安妥中毒、中暑等。

(五)排泄物变化 正常的家兔粪便大小如豌豆大,光滑均匀。如粪便干、硬、小或粪量减少甚至停止排粪,则可能是消化不良或便秘;粪便变形,但性质没有变化,可能是饲养管理不当所致;粪便变稀,成堆呈酱色,可能是饲喂霉变饲料等有毒饲料所致;粪便稀且带有黏液、奇臭,可能为细菌性疾病,如大肠杆菌病、沙门氏菌病、魏氏梭菌病等;粪便变性,带有黏液呈顽固性腹泻,可能为寄生虫病,如球虫病等。

检查尿液时要注意排尿量(正常情况下,成年兔每千克体重每昼夜130毫升)、排尿姿势和次数、尿液性质、pH值(一般为8.2)

颜色及内含物等情况。排尿次数增多，甚至出现尿频和尿淋漓，尿液带血，有氨味，可能为膀胱炎、尿结石；排尿次数减少，尿色深，尿液密度大，沉渣增多，是急性肾炎、下痢的表现；尿液呈酱油色，可能为豆状囊尾蚴病、肝片吸虫病、肝硬化等；长期血尿但无疼痛感，可能是肾母细胞瘤；排尿疼痛，是尿路有炎症的表现；尿闭，可能患膀胱麻痹、括约肌痉挛、尿道结石；尿失禁，可能是腰荐脊柱损伤或括约肌麻痹的表现。需要提醒的是，尿液颜色与饲料种类、服用某些药物等有关，应注意加以区别对待。

若母兔发生流产，并从阴道内流出红褐色的分泌物，则疑为李氏杆菌病。

（六）饮食变化　健康家兔一般食欲旺盛，喂料时表现急于求食，即在笼内跳来跳去，若打开笼门就伸出头来寻食。患病兔常表现呆滞或蹲缩在兔笼一角，不与其他兔抢食或走到饲槽前想吃又不想吃；同时要注意有无饮水，水质是否变质，家兔是否有流涎现象，门齿是否整齐或过度生长。饮水量过多也是很多疾病的表现，如兔子在食欲减退或废绝的情况下，饮水量却大大增加，表明家兔体温升高或食盐中毒。

（七）消化系统体征变化　除妊娠后期外，腹部一般无增大现象。胀肚，可能为球虫病、结肠阻塞；食欲不振，触摸胃部有大而充满之感，可能为毛球病；如腹下部膨大，触诊有波动感，改变体位时，膨大部随之下沉，为腹腔积液；触诊时，家兔不安、躁动，腹肌紧张且有震颤，表明有疼痛反应，多见于腹膜炎；腹围增大，盲肠大而软，可能为球虫病、大肠杆菌病等。

（八）体温　家兔正常体温为38.5～40℃，平均为39.5℃。排除生理因素（如年龄、性别、品种、营养、生产性能、活动、气候条件）的影响后，体温升高或降低均为患病的表现。测量体温对早期诊断和群体检查很有意义。

第四节 病理剖检

许多疾病仅靠外部的表现很难作出确切的诊断，有时还需对尸体进行解剖，根据剖检特点，结合临床症状，对疾病作出正确诊断。

一、剖检方法

将病死兔呈仰卧式，腹部向上，置于搪瓷盘内或解剖台上，四脚分开固定，腹部用消毒药消毒，沿腹中线上起下颌部下至耻骨缝处切开皮肤，再沿中线切口向每条腿切开，然后分离皮肤，检查皮下有无出血、水肿及病变；沿腹白线切开腹壁，用镊子挑起腹肌，防止刺破肠管。打开腹腔后，首先检查腔内腹水的颜色、多少和清浊度，然后依次检查腹膜、肝、胆囊、胃、脾脏、肠道、胰、肠系膜、淋巴结、肾脏、膀胱和生殖器官。用骨剪剪断两侧肋骨、胸骨，拿掉前胸廓，使胸腔暴露后，依次检查心、肺、胸膜、上呼吸道及肋骨，必要时，打开口腔、鼻腔及脑作检查。

二、检查内容及提示疾病

（一）皮下检查 主要检查皮下有无出血、水肿、炎性渗出、化脓、坏死等。皮下出血，提示兔病毒性出血症；皮下组织出血性浆液性浸润提示兔链球菌病；皮下水肿，可能是黏液瘤病；颈前淋巴结肿大或水肿，提示李氏杆菌病；皮下有化脓病灶，提示葡萄球菌病、兔痘、多杀性巴氏杆菌病；皮下脂肪、肌肉及黏膜黄染提示肝片吸虫病。

（二）上呼吸道检查 主要检查鼻腔、喉头黏膜及气管环间是否有炎性分泌物、充血和出血。鼻腔内有白色黏稠的分泌物，提示巴氏杆菌病、波氏杆菌病等；鼻腔出血，提示中毒、中暑、兔病毒性出血症等；鼻腔流浆液性或脓性分泌物，提示巴氏杆菌病、波氏杆菌病、李氏杆菌病、兔痘、绿脓杆菌病等；喉头、气管黏膜出血，呈现出血环，腔内积有血样泡沫，提示兔病毒性出血症；喉炎、支气管炎斑疹，提示兔痘。

（三）胸腔脏器检查　主要检查胸腔积液、色泽、胸膜、肺脏、心肌、心包是否充血、出血、变性、坏死等。

1. 胸腔病变　胸腔内充满脓胞，提示兔巴氏杆菌、波氏杆菌或葡萄球菌病等；浆液或纤维素性渗出，提示沙门氏菌病；胸腔内积有血样液体，提示绿脓杆菌病。

2. 肺脏病变　胸膜与肺、心包粘连、化脓或纤维性渗出，提示巴氏杆菌病、葡萄球菌病、波氏杆菌病；肺脏肿大，呈暗红或紫色，有粟粒大小出血点，质地柔韧，切面暗红色，提示兔病毒性出血症；纤维性化脓性肺炎，提示巴氏杆菌、葡萄球菌病；肺表面光滑、水肿，有暗红色实变区，切开有液体流出，有大小不等脓灶，脓汁乳白黏稠，提示波氏杆菌病；肺充血、肿大，有片状实变区，提示野兔热；淡褐色至灰色坚实结节，具干酪样中心和纤维组织包囊，提示兔结核病；肺上有斑疹、灰白色小结节提示兔痘。

3. 心脏病变　心包积液、心肌出血，提示巴氏杆菌病；心包液呈血样，提示兔绿脓杆菌病、魏氏梭菌病等；心包液呈棕褐色，心外膜有纤维素渗出，提示葡萄球菌病、巴氏杆菌病；心脏血管怒张，呈树枝状，提示魏氏梭菌病；心包呈淡褐色至灰色，坚实结节，具干酪样中心和纤维组织包裹，提示结核病；心肌呈暗红色，外膜有出血点，心脏扩张，内充满多量血块，心室菲薄质软，提示兔病毒性出血症；心肌有小坏死灶，提示大肠杆菌病；心包炎，提示坏死杆菌病；心肌有白色条纹，提示泰泽氏病。

（四）腹腔脏器检查　主要检查腹水、纤维素性渗出、寄生虫结节，脏器色泽、质地、肿胀或萎缩、充血、出血、化脓灶、坏死、粘连等。

1.腹腔病变　腹水透明、增多，提示肝球虫病；积有血样液体，提示兔绿脓杆菌病；腹腔有纤维素或浆液性渗出，提示兔葡萄球虫病、巴氏杆菌病、沙门氏菌病；葡萄状透明囊附着于脏器或游离于腹腔，提示豆状囊尾蚴病。

2.肝脏病变　表面有灰白色至淡黄色结节，当结节为针尖大小时，提示沙门氏菌病、巴氏杆菌病、野兔热等；当结节为绿豆大时，则提示肝球虫病。肝肿大、硬化，胆管扩张，提示肝球虫病、肝片吸虫病；肝质脆，实质呈淡黄色，细胞间质增宽，提示病毒性出血症；肝实质内有蛋黄色条纹状，提示豆状囊尾蚴或肝毛细线虫病，若切开肝组织可见白色虫体，则为肝毛细线虫病；胆囊上有小结节，提示兔痘；若胆囊扩张，黏膜水肿，提示大肠杆菌病。

3.脾脏病变　脾肿大，有大小不等的灰白色结节，切开结节可见脓或干酪样物，提示伪结核病、沙门氏菌病、结核病；脾肿大、出血，提示兔病毒性出血症、巴氏杆菌病；脾坏死、脓肿，提示坏死杆菌病；脾中度肿大，斑疹，灶性结节和小坏死灶，提示兔痘。

4.肾脏病变　肾脏充血、出血，提示兔病毒性出血症；肉芽肿性肾炎，提示兔脑炎原虫病；局部肿大突出，似鱼肉样病变，则提示肾母细胞病、淋巴肉瘤等；肾肿或萎缩，用手揉捏有石头样感觉，提示肾结石。

5.消化道病变

(1)胃病变　胃黏膜脱落，有大小不一溃疡，浆膜有黑色溃疡斑，提示魏氏梭菌病；胃膨大，充满气体和液体，提示大肠杆菌病；胃壁黏膜出血，表面附黏液，提示兔病毒性出血症。

(2)小肠　肠黏膜(尤其是结肠)弥漫性出血、充血，提示魏氏梭菌病；回肠后段、结肠前段黏膜充血、出血，提示泰泽氏病；肠黏膜充血、出血，黏膜下层水肿，提示沙门氏菌病；十二指肠充满气体和混有胆汁的黏液状液体，空肠充满半透明胶样液体，回肠内容物呈黏液样半固体，结肠扩张，有透明胶样液体，浆膜和黏膜充血或有出血斑点，且直肠有胶冻样液体，提示大肠杆菌病；肠道呈出血性肠炎，提示兔链球菌病；肠黏膜充血，呈暗红色，表面附有多量黏液，浆膜充血、出血，提示兔病毒性出血症、球虫病；小肠、结肠扩张，黏膜有出血斑点，提示仔兔轮状病毒；小肠黏膜有许多灰色小结节，提示肠球虫病。

(3)盲肠　蚓突肥厚，圆小囊肿大、变硬，浆膜下有许多灰白色小结节，单个或成片存在，提示兔伪结核病；盲肠、结肠腔内有水样褐色内容物，提示泰泽氏病；盲肠壁水肿、增厚、充血，浆膜出血，提示大肠杆菌、泰泽氏病；盲肠肠壁有白色蛋黄色结节，提示球虫病。

6.膀胱病变　积有茶色尿，提示魏氏梭菌病；扩张且充满尿液，提示球虫病、葡萄球菌病；仔兔的尿液呈黄色，提示黄尿病；蛋白尿，提示脑炎原虫病。

7.生殖器官病变　子宫肿大、充血，有粟粒样坏死结节，提示沙门氏菌病；子宫呈灰白色，宫内蓄脓，提示葡萄球菌病、巴氏杆菌病。公兔睾丸皮肤有糠麸样皮屑，肛门周围及外生殖器官的皮肤有结痂，提示梅毒；阴囊出现水肿、丘疹、痘疱、痂皮，提示兔痘。

8.脑内病变　脑膜血管明显扩张充血，提示兔瘟。

第五节　病料采集送检注意事项

家兔发病后，根据流行病学调查、临床症状及病理剖检特征，有些疾病可以临床确诊，比如兔病毒性出血症、A型魏氏梭菌病等，但有些病，由于缺乏特征性病变，需要采集病死兔病料或样本，在实验室开展进一步鉴定，包括组织学观察、抗原抗体检测等，方能确诊。在采集、送检病死兔病料或样本时应注意如下几个方面。

一、注意无菌操作

采集病料用的刀、剪、镊子等器具使用前要灭菌消毒，一般采用 104.0～137.3 千帕高压蒸汽灭菌 20～30 分钟，或者煮沸 30 分钟，使用前用酒精擦拭、火焰消毒。装载用的器皿于 103 千帕高压蒸汽 30 分钟或 160℃干烤 2 小时，或者采用环氧乙烷灭菌的一次性密封袋。所用注射器与针头一般采用医用一次性环氧乙烷灭菌产品；采取一种病料，使用一套器械与容器。同时，还要准备好采集后用具消毒用的清洗液、消毒剂及容器等。

二、采取未用药的病死兔

为了不影响病原体的检出，特别是细菌性或寄生虫传染病，采集病料的病死兔最好是未经用药预防或治疗过，一旦用药或多次用药后，有些敏感细菌很难分离。

三、采取合适的病变部位

不同疾病所要求的病料或样本采集部位有所不同。病原感染兔体后，一般具有组织嗜性，临床初步诊断后，怀疑哪种疾病，采集病料或样品时就应取该病最常侵害的部位或特征性病变组织。例如，兔瘟病毒以肝脏组织病毒含量最高，因此采集病料时应以肝脏为主。同时，对病变不典型，不能确定是哪一种疫病的，为了鉴别诊断，并提高病原微生物的阳性分离率，要做好采样计划，采集的部位、种类尽可能齐全，采集的数量要足够，包括内脏、淋巴结核局部病变组织、脑组织等，或根据症状和病理剖检变化有所侧重，例如，有神经症状的，必须采集脑组织和脊髓；有黄疸或贫血的，必须采集肝、脾等。家兔常见疫病应采集的病变组织见表 1-2。根据部位差异，采取的采集方法有所差异。

（一）内脏 采集的病料组织样品如用于微生物学检验，则组织块不必太大，一般 1～2 厘米即可，如有少量污染或不能保证无污染，组织块则相应取大些，切割后使用；如用于病理组织学检查，则要采集病灶及临近正常组织，并存放于 10％甲醛溶液中，若需要冷冻切片，则应将病料组织放在冷藏容器中，并尽快送实验室检验。

（二）脑组织 开颅后取出大脑和小脑，纵切两半，一半放50%甘油生理盐水瓶中，供微生物检验用，另一半放10%的甲醛或戊二醛溶液内，供组织学检查和电镜检查用。

（三）肠内容物 病变较为明显的肠道部分，采用吸管或较大号针头扎取内容物，放入30%甘油盐水缓冲液中保存送检，或者将该段肠管两端结扎，剪下送检。

（四）排泄物 采集粪便力求新鲜，或用拭子插到直肠黏膜表面采集粪便；采集尿液时用一次性塑料杯接取；呼吸道分泌物则用灭菌的棉拭子采集，取鼻腔、咽喉内的分泌物，蘸后立即放入特定的保存液中。

（五）皮肤 用锋利的外科刀刮取病变部皮肤结痂、皮屑及毛，或刮取病变与健康部位交界处的皮肤组织放容器中送检。如果需要采集病变部位的水疱液、皮等，需要使用注射器抽取。

（六）血液 于耳缘静脉采血2～3毫升，用灭菌试管或离心管收集，如需抗凝，则加入一定比例的抗凝剂，盖严后送检。全血样品不能冷冻，应该保存在2～8℃。

表1-2 兔常见传染病病料的采集

疾 病	采集部位
兔病毒性出血症（兔瘟）	主要为肝脏，其次为脾脏、肺脏、肾脏、心肌、淋巴结、脑、血液等
水疱性口炎（传染性口炎）	口腔水疱液、皮或口腔分泌物
轮状病毒病	空肠、回肠内容物
巴氏杆菌病	肝脏、脾脏、心血
波氏杆菌病	气管、支气管管腔内脓液，肺脏、肝脏化脓灶脓液
肺炎链球菌病	化脓灶脓液、肝脏、脾脏、脑组织等

续表 1-2

疾　病	采集部位
大肠杆菌病	十二指肠内容物、肠系膜淋巴结
魏氏梭菌病	十二指肠到盲肠内容物
葡萄球菌病	皮下或内脏器官不成熟的脓肿脓液
沙门氏菌病	十二指肠内容物、肝脏、肠系膜淋巴结

四、采用冷链运输，取材及时

病料采集要及时，应在病死前或病死后立即进行，一般死亡时间夏天不超过 2 小时，冬天不超过 6 小时，如需采集脑组织分离病毒，则不应超过 3 小时。死亡过久或腐败变质的病料对诊断毫无意义，不仅有碍病原微生物的检出，还影响病理组织学检验的准确性，拖延诊断时间，对疾病的及时有效控制极为不利，因此，原则上不采集此类病料。

采集的新鲜病料应快速送检，保存方法有三种：一是细菌检验材料。将采取的组织块保存于 30％甘油缓冲液中，容器加塞封固。二是病毒检验材料。将采取的组织块保存于 50％甘油生理盐水中，容器加塞封固。三是血清学检验材料。组织块可用硼酸处理或食盐处理，血清等材料可在每毫升中加入 3％苯酚溶液一滴。采集的样品最好能在 24 小时内专人送达实验室，夏天需在保温箱内加置冰块。送检过程中要防止容器倾倒、破碎，避免样品泄漏，要注意有的样品不能剧烈振荡，应缓冲放置。

五、注意采集病料顺序

剖检时，将尸体腹面向上，用消毒液涂搽胸部和腹部的被毛，病料采集次序本着由内到外、由无菌到有菌、由脏器到组织等原则。首先采集皮肤或皮下病变部位，用刀或剪打开腹腔，并仔细地检查腹膜、肝、胆囊、胃、脾、肠道、胰、肠系膜淋巴结、肾、膀胱以及生殖器官。进一步打开胸腔(切断两侧肋骨、除去胸壁),并检查胸腔内的心脏、心包及其内容物、肺、气管、上呼吸道、食管、胸膜以及肋骨。必要时,可打开口腔、鼻腔和颅腔。先采集肝、脾、肾、肠管与肠系膜淋巴结、心脏、肺等,然后再采集脑组织、脊髓等。

六、剖检场所的选择

为了便于消毒和防止病原的扩散,一般以在室内进行剖检为好;如条件不许可,也可在室外进行。在室外剖检时,要选择离兔舍较远,地势较高而又干燥的偏僻地点,并挖深达 2 米左右的土坑,待剖检完毕将尸体和被污染的垫物及场地的表面土层等一起投入坑内,再撒些生石灰或喷洒消毒液,然后用土掩埋,坑旁的地面也应注意消毒。有条件的也可焚烧处理。

七、做好剖检记录

尸体剖检的记录是死亡报告的主要依据,也是进行综合分析研究的原始材料。记录的内容力求完整详细,要能如实地反映尸体的各种病理变化,因此,记录最好在检查病变过程中进行,不具备这些条件时,可在剖检结束后及时补记。对病变的形态、位置、性质变化等,要客观地用语言加以描述说明,切不要用诊断术语或名词来代替。

八、剖检人员的防护

剖检人员可根据条件穿着工作服,戴口罩、橡皮手套,穿胶靴等;条件不具备时,可在手臂上涂上凡士林或液状石蜡等,以防感染。

第二章　兔场常用药物及生物制品

第一节　药物的种类及特点

一、抗细菌类药物

(一)青霉素类抗生素

1.青霉素

【作　用】 青霉素钠、青霉素钾适用于溶血性链球菌、肺炎链球菌、对青霉素敏感的金黄色葡萄球菌等革兰氏阳性菌所致的感染。

【用法与用量】 肌内注射2万单位/千克体重,2次/天。

2.广谱青霉素类

【作　用】 氨苄西林与阿莫西林的抗菌谱较青霉素为广,阿莫西林对酸稳定,口服吸收效果好,对部分革兰氏阴性杆菌(如流感嗜血杆菌、大肠杆菌、奇异变形杆菌)亦具抗菌活性,对革兰氏阳性球菌作用与青霉素相仿。

【用法与用量】 口服,20～40毫克/千克体重,2次/天。

(二)头孢菌素类抗生素

1.头孢氨苄

【作　用】 本品为白色或乳黄色结晶粉末,微臭,味苦,能溶于水;本品对金黄色葡萄球菌、溶血性链球菌、大肠杆菌等有抗菌作用,对绿脓杆菌无效。用于敏感菌所致的皮肤及软组织等部位感染。

【用法与用量】 口服,20～30毫克/千克体重,2次/天。

2. 头孢喹肟、头孢噻呋钠

【作　用】 头孢喹肟为白色、类白色至淡黄色粉末，有很强的抗菌活性，对金黄色葡萄球菌、链球菌、铜绿假单胞菌、肠细菌科（大肠杆菌、沙门氏菌、克雷伯氏菌、柠檬酸菌、黏质沙雷菌）都有极强的杀灭作用，对许多耐甲氧西林的葡萄球菌及肠杆菌也有良好的杀灭作用。

【用法与用量】 头孢喹肟，肌内注射，2～3 毫克/千克体重，1 次/天，连用 3 天。头孢噻呋钠，肌内注射，5 毫克/千克体重，1 次/天，连用 3 天。

所有头孢菌素类对甲氧西林耐药葡萄球菌和肠球菌属抗菌作用均差，故不宜选用于治疗上述细菌所致感染。

（三）氨基糖苷类抗生素

【作　用】 临床常用的氨基糖苷类抗生素主要有：链霉素、壮观霉素（大观霉素）、卡那霉素、庆大霉素、庆大小诺、新霉素。本品对革兰氏阴性菌具有良好抗菌作用。

【用法与用量】 链霉素，肌内注射，7.5～15 毫克/千克体重，2 次/天；硫酸卡那霉素，肌内注射 7.5～15 毫克/千克体重，2 次/天；硫酸庆大霉素，肌内注射 7.5 毫克/千克体重，2 次/天。

（四）四环素类抗生素

【作　用】 四环素类抗生素包括四环素、金霉素、土霉素及半合成四环素类强力霉素（多西环素）。四环素作为首选或选用药物，可用于治疗支原体感染、衣原体属感染，布鲁氏菌病（需与氨基糖苷类联合应用），巴氏杆菌病。

【用法与用量】 长效土霉素，肌内注射，10 毫克/千克体重，1 次/天，有些制剂有效期可达 3～5 天；土霉素，拌料混饲，每吨饲料 500 克；强力霉素，拌料混饲，每吨饲料 150 克。

（五）大环内酯类抗生素

【作　用】 大环内酯类有红霉素、酒石酸泰乐菌素等，主要用于治疗流感嗜血杆菌、肺炎支原体或肺炎衣原体等，也可用于β溶血性链球菌、肺炎链球菌中的敏感菌株所致的上、下呼吸道感染。

【用法与用量】 酒石酸泰乐菌素，1克加水2～4千克(即每100克对水200～400千克)集中饮用，连用3～5天。

(六)林可霉素

【作　用】 林可霉素适用于敏感肺炎链球菌、其他链球菌属(肠球菌属除外)及甲氧西林敏感金黄色葡萄球菌所致的各种感染。

【用法与用量】 林可霉素，口服或者肌内注射，20毫克/千克体重，2次/天。

(七)利福霉素类抗生素

利福平抗菌谱较广，对革兰氏阳性菌、结核病及其他分枝杆菌有效，一般用于治疗结核病及其他分枝杆菌感染。

【用法与用量】 口服，5毫克/千克体重，2次/天。

(八)磷霉素

【作　用】 磷霉素钾和磷霉素钠(磷霉素钙)，口服可用于治疗敏感大肠杆菌等肠杆菌科细菌和粪肠球菌所致肠道感染。磷霉素钠，注射可用于治疗敏感金黄色葡萄球菌、凝固酶阴性葡萄球菌(包括甲氧西林敏感及耐药株)和链球菌属、流感嗜血杆菌、肠杆菌科细菌和铜绿假单胞菌所致呼吸道感染等。

【用法与用量】 肌内或静脉注射，50毫克/千克体重，1次/天。

(九)氯霉素类抗生素

【作　用】 氯霉素类抗生素包括氯霉素、甲砜霉素及无味氯霉素、氟苯尼考等。其中氯霉素禁用，常用代表药物为甲砜霉素和氟苯尼考，主要用于治疗流感嗜血杆菌、大肠杆菌、沙门氏菌、放线杆菌、链球菌、巴氏杆菌、支原体等所致的感染。

【用法与用量】 甲砜霉素，拌料，每吨饲料100克，1次/天；

氟苯尼考，肌注或口服，20 毫克/千克体重，1 次/天，连用 3～5 天。

（十）硝基咪唑类抗生素

【作　用】 甲硝唑，对厌氧菌（魏氏梭菌病）、滴虫、阿米巴和蓝氏贾第鞭毛虫具强大抗微生物活性，可用于各种厌氧菌的感染，主要针对兔魏氏梭菌的治疗，禁用于添加剂。地美硝唑，对黑头组织滴虫、牛毛滴虫、结肠小袋虫、鞭毛虫等原虫，及坏死厌氧丝杆菌、梭状芽胞杆菌、厌气葡萄球菌、肠弧菌、密螺旋体等细菌，具有显著抑制作用。

【用法与用量】 甲硝唑，口服，10 毫克/千克体重，2 次/天；地美硝唑，1 克对水 10～20 千克，连用 3～5 天，或者 1 克拌料 10 千克，连用 3～5 天，预防减半。

（十一）喹诺酮类抗菌药

【作　用】 主要为氟喹诺酮类，有氧氟沙星、诺氟沙星、环丙沙星、甲磺酸达氟沙星、洛美沙星、沙拉沙星、替米考星及二氟沙星等。氧氟沙星，主要作用于肠杆菌科的大部分细菌，包括大肠杆菌、沙门菌属等。环丙沙星，对肠杆菌、链球菌、金黄色葡萄球菌具有抗菌作用。氧氟沙星，对多数肠杆菌科细菌，如大肠杆菌、沙门菌属等革兰阴性菌有较强的抗菌活性，对金黄色葡萄球菌、肺炎链球菌、化脓性链球菌等革兰氏阳性菌和肺炎支原体、衣原体也有抗菌作用。甲磺酸达氟沙星，动物专用药，为白色至淡黄色结晶性粉末，无臭，味苦，对巴氏杆菌、支原体、大肠杆菌均有较强的抗菌活性。替米考星，是由泰乐菌素的一种水解产物半合成的畜禽专用抗生素，与泰乐菌素相比，其用药量少、作用持久、副作用小、体内残留低、安全无毒，是替代泰乐菌素、预防和治疗畜禽呼吸道感染的首选药物。

【用法与用量】 氧氟沙星，口服，5 毫克/千克体重，2 次/天；环丙沙星，口服，10 毫克/千克体重，2 次/天；二氟沙星，饮水，1 克对水 10～20 千克，自由饮用或 2 次/天，连用 3～5

天，拌料加倍；达氟沙星，口服，2.5～5 毫克/千克体重，2 次/天，连用 3～5 天；替米考星，皮下注射，20 毫克/千克体重，1 次/天，连用 3 天。

（十二）磺胺类药

【作　用】　目前常用的磺胺类药物有 23 种，其抗菌谱广，对多种细菌及家畜、家禽球虫病有良好效果。磺胺类药物根据用途可分为 4 种：①用于全身性感染。根据血浆半衰期（$t_1/_2$）长短又分为 3 类：短效类（<10 小时）、中效类（10～24 小时）和长效类（>24 小时）。②用于肠道感染。③外用磺胺药。用于外伤感染。④抗球虫。磺胺喹噁啉、磺胺氯吡嗪钠是代表药物。

市场上常见品种为磺胺-6-甲氧嘧啶钠，又名磺胺间甲氧嘧啶钠、4 对氨基苯磺酰胺基-6-甲氧基嘧啶钠。本品为长效磺胺类药物，对金黄色葡萄球菌、化脓性链球菌、肺炎链球菌、大肠杆菌、沙门氏菌属等肠杆菌科细菌具有抗菌作用，也可用于治疗球虫病。

【用法与用量】　口服或肌内注射，10 毫克/千克体重，1 次/天。

（十三）抗真菌药

【作　用】　两性霉素 B 对播散性念珠菌病、毛霉菌病、孢子丝菌病、曲菌病等均有治疗作用。灰黄霉素对表皮癣菌属、小孢子菌属和毛癣菌属引起的皮肤真菌感染有效，主要用于治疗皮肤癣菌引起的各种浅部真菌病。

【用法与用量】　两性霉素 B，静脉注射，0.5 毫克/千克体重，1 次/天；灰黄霉素，拌料，10 毫克/千克体重，1 次/天。

二、抗寄生虫类药物

（一）抗球虫药物　主要包括莫能菌素、盐霉素钠、拉沙洛西钠、赛杜霉素、海南霉素、地克珠利、托曲珠利、二硝基类、尼卡巴嗪、磺胺喹沙啉、磺胺间甲氧嘧啶、磺胺氯吡嗪钠、氨丙啉、氯苯胍、常山酮、乙氧酰眩苯甲酯等。

1.莫能菌素

【作　用】　本品具有抗球虫和预防坏死性肠炎的作用，抗球虫谱广。禁与泰妙菌素、竹桃霉素及其他抗球虫药配伍使用。

【用法与用量】　拌料，20～40克/吨饲料，自由采食。

2.盐霉素钠

【作　用】　本品应用同莫能菌素，毒性稍强。禁与泰妙菌素及其他抗球虫药配伍使用。

【用法与用量】　拌料，30克/吨饲料，自由采食。

3.地克珠利

【作　用】　本品为新型、高效、低毒抗球虫药，为较理想的杀球虫药物。作用时间短暂，停药1天后，作用基本消失，必须连续用药，但连续用药易产生耐药性。

【用法与用量】　拌料，1～2克/吨饲料，对家兔肝脏球虫和肠球虫具高效。

4.妥曲珠利

【作　用】本品为三嗪酮化合物，具有广谱抗球虫活性。

【用法与用量】　拌料，10～15克/吨饲料，对预防家兔肝球虫和肠球虫极为有效；治疗量，20～25克/吨饲料。

5.磺胺喹沙啉

【作　用】本品为抗球虫的专用磺胺药，主用于球虫病，常与盐酸氨丙啉或抗菌增效剂联合使用，扩大抗球虫谱及增强抗球虫效应。

【用法与用量】　拌料，150克/吨饲料，对治疗家兔肝球虫和肠球虫极为有效。

6.磺胺氯吡嗪钠

【作　用】　本品为抗球虫专用的磺胺药，且具较强的抗菌作用，甚至可以治疗禽霍乱及伤寒，最适合于球虫病暴发时治疗用。

【用法与用量】 拌料，600 克/吨饲料，1 次/天，连用 5～10 天。

7. 盐酸氨丙啉

【作　用】 本品为高效、安全、低毒，不易产生耐药性，多与乙氧酰胺苯甲酯和磺胺喹沙啉并用，以增强疗效。

【用法与用量】 拌料，125 克/吨饲料，1 次/天，连用 5～10 天。

8. 氯苯呱

【作　用】 本品为高效杀球虫药，对球虫的第一代、第二代裂殖体和孢子体有杀灭作用，抗菌谱广，但因长期单一使用而产生了耐药性。预防时按每千克精料 150 毫克，从兔断奶开始，连续饲喂 45 天。治疗时按每千克精料 300 毫克，饲喂 1～2 周后改成预防浓度。

【用法与用量】 内服给药，按每日每千克体重给药 10～15 毫克，疗程不少于 2 周，在上市前要停喂药 5～7 天，以免残留量太高，不合规定标准。临床上有超量引起肉兔中毒的病例，应予注意。

(二)抗线虫及吸虫药物

1. 伊维菌素

【作　用】 本品是新型广谱、高效、低毒抗生素类抗寄生虫药，对体内外寄生虫特别是线虫和节肢动物(螨虫)均有良好驱杀作用。

【用法与用量】 肌内注射，一次量，0.2 毫克/千克体重，药效 5～7 天。

2. 盐酸左旋咪唑

【作　用】 本品为广谱、高效、低毒的驱线虫药，对胃肠道线虫和肺线虫的成虫和幼虫均有效，能使寄生虫肌肉麻痹而迅速排出体外，因此用药后可观察到寄生虫的排出。本品还有免疫增强作用。内服、肌内注射吸收迅速完全。

【用法与用量】 内服、皮下或肌内注射，一次量，10 毫克/千克体重。

3. 吡喹酮

【作 用】 本品为广谱驱绦虫药、抗血吸虫药和驱吸虫药，毒性极低，应用安全。

【用法与用量】 内服给药，一次量，2.5～5 毫克/千克体重。

4. 丙硫咪唑

【作 用】 本品为高效广谱驱虫新药，适用于驱除蛔虫、蛲虫、钩虫、鞭虫、吸虫、绦虫。

【用法与用量】 内服给药，一次量，5 毫克/千克体重。

三、抗病毒类药物

(一)化学药物

1. 金刚烷胺及其衍生物

【作 用】 本品用于抑制流感病毒的抗病毒药。

【用法与用量】 内服给药，一次量，4 毫克/千克体重。

2. 利巴韦林(病毒唑)

【作 用】 本品常用于腺病毒、疱疹病毒、流感病毒、副流感病毒、痘病毒等的病毒性疾病的防治，但其对机体细胞有一定毒性，不可长期使用。

【用法与用量】 内服给药，一次量，5 毫克/千克体重。

3. 盐酸吗啉胍(病毒灵)

【作 用】 本品主要用于流感病毒及疱疹病毒感染，对多种病毒(包括流感病毒、副流感病毒、鼻病毒、冠状病毒、腺病毒等)有抑制作用。

【用法与用量】 口服，每克拌料 10 千克，连用 3 天。

(二)中草药

中草药抗病毒的途径主要有两种：一是直接抑制病毒，主要阻断抗病毒繁殖过程中的某一环节，达到抗病毒感染的目的；二是间接抑制病毒；三是提高机体抗病能力。

四、解热镇痛类药物

(一)氨基比林

【作　用】 本品解热镇痛作用较强，缓慢而持久，内服吸收迅速，即时产生镇痛作用。

【用法与用量】 内服给药，一次量，5毫克/千克体重。

(二)安乃近

【作　用】 本品为氨基比林和亚硫酸钠相结合的化合物，易溶于水，解热、镇痛作用较氨基比林快而强。

【用法与用量】 内服给药，一次量，12毫克/千克体重。

五、增强免疫力类药物

1. 黄芪多糖

【作　用】 黄芪多糖能诱导机体产生干扰素，提高机体的免疫功能，促进超氧化物歧化酶、谷胱甘肽过氧化物酶活性的增强；并能强化和刺激淋巴细胞和网状内皮层细胞的生成，增强网状内皮层细胞和巨噬细胞的吞噬功能，并对体液、黏膜和细胞免疫有很好的促进和调节作用。

【用法与用量】 按每吨饲料添加300～500克，连用3～5天。

2. 左旋咪唑

【作　用】 本品为免疫增强剂，可刺激吞噬细胞吞噬功能，促进T细胞产生IL-2等细胞因子，增强NK细胞活性等。其对免疫功能低下的机体具有较好免疫增强作用。

【用法与用量】 盐酸左旋咪唑注射液，皮下、肌内注射，一次量，2.5～10毫克/千克体重，孕兔禁用。

3. 葡萄糖

【作 用】 本品为免疫增强剂，可刺激吞噬细胞吞噬功能，促进T细胞产生IL-2等细胞因子，增强NK细胞活性等。其对免疫功能低下的机体具有较好免疫增强作用，对正常机体作用不明显。

【用法与用量】 按2%～5%比例自由饮用，连用3～5天。

六、吸附剂

(一)木 炭

【作 用】 本品用于治疗兔腹泻。还具有吸附臭气、氨气和吸湿等功能，可用于改善畜禽棚舍环境。

【用法与用量】 治疗腹泻，用杉木炭粉末3克、姜炭粉2克混匀，分早晚各服1次；冬季可直接在饲料中拌入一些木炭末，连喂3天。

(二)白陶土

【作 用】 本品可作为吸附剂及赋形剂，防止毒物在胃肠道的吸收，并对发炎黏膜有保护作用，用于治疗痢疾和食物中毒。外用为撒布剂，有保护皮肤的作用，能吸收创面渗出物，防止细菌侵入。

七、外用药

(一)龙胆紫 1%～2%溶液俗称紫药水，能抑制革兰氏阳性菌，特别是葡萄球菌、白喉杆菌，对白色念珠菌也有较好的抗菌作用。

(二)酒精 70%～75%酒精用于注射部位和器械消毒。

(三)新洁尔灭 0.01%～0.05%浓度用于黏膜及深部感染创消毒。

(四)硼酸 使用浓度为2%～3%，主要用于眼睛、口、鼻炎症的消毒。

(五)碘酊 使用浓度为2%～5%,主要用于注射部位消毒。

(六)碘甘油 含3%的甘油制剂,作用同碘酊。

(七)明矾 配成0.2%溶液,作用同硼酸。

(八)过氧化氢(双氧水) 含过氧化氢5%溶液,具有杀菌除臭作用,利用其在组织中迅速产生气泡的作用,去除小组织块、坏死组织及异物,用于冲洗深部创面及瘘管。

(九)高锰酸钾 常用0.1%溶液冲洗黏膜、腔道、创伤,作用较双氧水持久。

八、激素类药物

(一)孕马血清促性腺激素(PMSG) 用于母兔同期发情。肌内注射,250单位/只,3天左右即开始发情,此时再注射绒毛膜促性腺激素(HCG),200单位/只,注射后95%的母兔能发情,接受配种并妊娠。

(二)绒毛膜促性腺激素 用于治疗屡配不孕。母兔由于促卵泡素和促黄体素平衡失调,或者垂体分泌促黄体素不足,或由于促卵泡素过剩以致促黄体素与促卵泡素之间的平衡紊乱,不能排卵,从而造成母兔的不孕。治疗:肌内注射,1000单位/只。

九、维生素与矿物质饲料添加剂

(一)维生素 包括维生素A、维生素B、维生素C、维生素D、维生素E、生物素等,是体内代谢必需物质。市场上主要产品为电解多维及多维素等。例如,鱼肝油补充维生素A、维生素D,参与体内钙的代谢。

(二)干酵母 含有丰富的蛋白质(30%～40%)、B族维生素、氨基酸等物质,广泛用作动物饲料的蛋白质补充物,可调节新陈代谢,维持皮肤和肌肉的健康,增进免疫系统和神经系统的功能,促进细胞生长和分裂,促进动物的生长发育,缩短饲养期,增加肉量和蛋量,改良肉质和提高瘦肉率,改善皮毛的光泽度,并能增强幼禽畜的抗病能力。

(三)微量元素　铁、锌、铜、锰、碘等是体内代谢必需物质,缺乏时会引起各种临床症状,导致生产性能下降。

十、微生态制剂

本品用于调整宿主体内的微生态失调,保持微生态平衡。

(一)乳酸菌类　包括嗜酸乳杆菌、嗜热乳杆菌、双歧杆菌、醋酸菌群。

(二)杆菌类　枯草芽胞杆菌、纳豆芽胞杆菌、地衣芽胞杆菌、腊状芽胞杆菌、放线菌群。

(三)产酶益生素　筛选的益生素可以产酶,促进消化。

(四)复合菌类　用于专业发酵处理污水、垃圾、秸秆、生物肥料、生物饲料。

第二节　生物制品的种类及特点

一、疫苗产品

(一)兔病毒性出血症(蜂胶)灭活疫苗

【用　途】　预防兔病毒性出血症,同时提高机体的特异性和非特异性免疫力。

【用　法】 使用前和使用中充分摇匀。

商品兔:体重1千克以上,皮下或肌内注射1.0毫升/只,免疫1次即可。

种兔:体重1千克以上,皮下或肌内注射1.0毫升/只;体重在2.5千克以上,皮下或肌内注射,1.5毫升/只。

紧急免疫：部分兔发生兔瘟后，假定健康兔可进行紧急免疫，剂量为正常剂量的2倍。

【免疫期】 注射后5～7天产生免疫力。

【贮　存】 4～8℃，12个月。

【注　意】 禁止日光、紫外光照射。妊娠母兔慎用。

（二）兔产气荚膜梭菌病（A型）（蜂胶）灭活疫苗

【用　途】 用于预防家兔A型产气荚膜梭菌病。

【用法与用量】 皮下注射。家兔不论大小，一律2毫升/次。

【不良反应】 可能出现一过性食欲减退的症状。

【注意事项】 ①本疫苗仅用于预防，无治疗作用。②注射器械及接种部位必须严格消毒，以免造成感染。③疫苗不得冻结。

（三）大肠杆菌灭活疫苗

【接种对象】 大肠杆菌病易感兔。

【用法与用量】 幼兔在断奶前进行免疫。体重1千克以下的兔颈部皮下注射0.5毫升；体重在1千克以上的兔肌内或颈部皮下注射1.0毫升。首免颈部皮下注射后，二免于14～21天进行，以后每隔5个月免疫1次。

【注意事项】 ①在贮存和运输过程中，避免日光照射、紫外光照射，严防冻结。②使用前应了解兔群健康状况，如有其他疾病会影响本苗使用效果。③疫苗使用前和使用中充分摇匀，用前将温度升至室温。④疾病潜伏期与感染期慎用。⑤4～8℃保存期为12个月。

（四）兔葡萄球菌（蜂胶）灭活疫苗

【用　途】 用于预防由家兔葡萄球菌感染引起的母兔乳房炎、仔兔黄尿病、脓肿症等。

【用法与用量】 母兔配种前皮下注射2.0毫升；为防止外源性葡萄球菌引起的脓肿症，1.5千克以上家兔可皮下注射2.0毫升。免疫期为6个月。

【不良反应】 一般无不良反应，个别兔群可能有一过性反应。

【注意事项】 ①在运输、贮存和使用过程中应避免日光、紫外光照射，严防冻结。②在免疫注射前和使用中充分摇匀，将疫苗温度升至室温。③注射器械及接种部位必须严格消毒，以免造成感染。④仅用于接种健康家兔。如有其他疾病会影响本苗使用效果。⑤疫苗瓶开启后，应在当天内用完。⑥在疾病潜伏期和发病期慎用，如使用必须在当地兽医正确指导下使用。

（五）兔多杀性巴氏杆菌病、支气管波氏杆菌病二联（蜂胶）灭活疫苗

【用　途】 用于预防家兔多杀性巴氏杆菌病和支气管败血波氏杆菌感染。

【用法与用量】 颈部肌内注射。成年兔，每次 1.0 毫升，每年注射 2 次。初次使用本品的兔场，首免后 14 日，用相同剂量加强接种 1 次。

【不良反应】 部分家兔接种后可能出现一过性精神不振、食欲下降等反应，但 1～2 天后可恢复正常。注射部位有时出现肿胀，但短期内即可消退。

【注意事项】 ①仅用于接种健康家兔。②疫苗严禁冻结或过热。如出现破损、异物等现象，切勿使用。③使用时，应将疫苗放至室温，并充分摇匀。

（六）兔大肠杆菌、波氏杆菌二联（蜂胶）灭活疫苗

【接种对象】 兔大肠杆菌与兔波氏杆菌病易感兔。

【用法与用量】 幼兔在断奶前进行免疫。体重 1 千克以下的兔，肌内或颈部皮下注射 0.5 毫升；体重在 1 千克以上的兔，肌内或颈部皮下注射 1.0 毫升。

【不良反应】 无。

【注意事项】 ①在贮存和运输过程中，避免日光、紫外光照射，严防冻结。②使用前应了解兔群健康状况，如有其他疾病会影

响本品使用效果。③疫苗使用前和使用中充分摇匀，用前将温度升至室温。④疾病潜伏期与感染期慎用。

（七）兔瘟、巴氏杆菌、魏氏梭菌三联（蜂胶）灭活疫苗

【接种对象】 兔瘟、兔巴氏杆菌病及魏氏梭菌易感兔。

【用法与用量】 幼兔在断奶前进行免疫。体重1千克以下的兔，肌内或颈部皮下注射0.5毫升；体重在1千克以上的兔，肌内或颈部皮下注射1.0毫升。

【不良反应】 无。

【注意事项】 ①在贮存和运输过程中，避免日光、紫外光照射，严防冻结。②使用前应了解兔群健康状况，如有其他疾病会影响本品使用效果。③疫苗使用前和使用中充分摇匀，用前将温度升至室温。④疾病潜伏期与感染期慎用。⑤妊娠母兔慎用。

（八）兔瘟、巴氏杆菌二联（蜂胶）灭活疫苗

【接种对象】 兔瘟与兔巴氏杆菌病易感兔。

【用法与用量】 幼兔在断奶前进行免疫。体重1千克以下的兔，肌内或颈部皮下注射0.5毫升；体重在1千克以上的兔，肌内或颈部皮下注射1.0毫升。

【不良反应】 无。

【注意事项】 ①在贮存和运输过程中，避免日光、紫外光照射，严防冻结。②用本品前应了解兔群健康状况，如有其他疾病会影响本品使用效果。③疫苗使用前和使用中充分摇匀，用前将温度升至室温。④妊娠母兔慎用。

二、其他生物制品

（一）干扰素(interferon，IFN)

【用　途】 干扰素是一组由病毒或其他诱生剂使生物体细胞产生的分泌性糖蛋白，具有抗病毒、免疫调节及抗增殖作用。

【用法与用量】 肌内注射，一次5万单位/千克体重。

（二）转移因子

【用　途】 转移因子携带有致敏淋巴细胞的特异性免疫信息，能够将特异性免疫信息递呈给受体淋巴细胞，使受体无活性的淋巴细胞转变为特异性致敏淋巴细胞，从而激发受体细胞介导的免疫反应，提高机体免疫力。

【用法与用量】 皮下注射，一次1单位（1单位为1亿个白细胞或淋巴细胞），1周1次。

（三）免疫球蛋白

【用　途】 具有抗体活性或化学结构上与抗体相似的球蛋白。主要用于兔瘟等病毒病的紧急防治。

【用法与用量】 肌内注射，用量按说明书。

第三节　药物的保存与合理应用

一、药物的保存方法

药物的保存不合理或时间太长，就会变质失效，用于预防治疗时效果就会下降或不起作用，耽误病情。在用药时尽量选择最近生产的药物，如果有没用完的药，要妥善保存并且在有效期内使用。超过有效期的药品不得使用，并安全销毁。

药物保存时应注意外包装是否完整，有无破损，瓶口是否拧紧，尽量减少与空气和水分的接触。药物一般在阴凉干燥处存放，要保持环境的清洁卫生，还要严防微生物和昆虫侵入。

各种药物的保存方法有所差异，具体如下：

（一）疫苗、血清等生物制品 一般灭活苗要求0～8℃冷藏，弱毒苗要求－15℃以下保存。目前市面上还没有兔用商品弱毒苗，均为灭活苗。单支疫苗开盖使用后，剩余的在存放过程容易失效或有微生物侵入,不能再使用。

(二)化学药品 保管过程中注意防潮、防热、避光和防氧化。一般要求是,温度不超过 20℃、空气相对湿度不超过 75%的干燥处,用棕色容器或外有黑纸包裹的避光容器、严密的玻璃容器或密封的塑料袋盛装。

(三)中药材 在贮藏过程中,主要应避免虫蛀、发霉、变色、气味散失、枯朽、风化、融化粘连等变质现象。在阴凉干燥通风处存放,勤检查是否有虫害。

二、给药方法

常见的给药方法主要有内服、注射和外用。给药途径一般取决于药物的剂型,口服用片剂和粉剂,注射用针剂。给药途径的不同,药效的快慢强弱各有不同。在临床诊疗过程中,要根据疾病治疗需要药物的性质、动物的大小选择给药途径。

(一)内服给药 主要是肠道吸收。此给药途径简便易行,但药物吸收慢,作用慢,受其他因素影响多。

1. 拌料、饮水法 指根据兔子的采食量或饮水量和药物的可溶性或稳定性,按一定比例混入饲料或饮水中,集中投服,适用于兔子有食欲可自行采食时的群体给药,一般使用的药物性质稳定,毒副作用小。多用于预防性治疗、驱虫以及维生素和能量的补充。投药前可限饲或限水一段时间,使兔子空腹,从而在一定时间内自行采食或饮用;若药物略有苦味可利用家兔嗜甜天性混入适量葡萄糖;也可利用兔子昼伏夜行夜间采食量和饮水量增加的习惯,夜间投药。此法缺点是药量与兔子的采食量有关,不好控制个体的用药量。此外,由于兔的嗅觉和味觉发达,嗅出或尝出有异味,就可能出现少吃或拒食现象,所以此方法多用于量少无异味的药物。

2. 灌服法 将药用水调成药液,保定兔子,投药人捏兔面颊,固定面部使其开口,沿着嘴角,用注射器或滴管缓缓灌服。投药

后，要固定兔子头部几分钟，防止兔子将药液吐出。多用于个体兔子或无食欲的兔子。一般药物有异味，药量少。此法缺点是人工耗费大，易使兔产生应激。

(二)注射给药　优点是药量准确、吸收快、见效快；缺点是对兔子的惊扰大，人工耗时长。注射时必须严格消毒注射用具，粉剂药物要用注射用水稀释，药物抽取规范操作，注射部位也要严格消毒，同时勤换针头，防止交叉感染。兔的注射给药一般采用皮下和肌内注射。

1. 皮下注射　一般选择颈部、肩前、腋下、股内侧或腹下等皮肤薄、松弛、易移动的部位注射。助手保定好兔子，操作人在注射部位用75%酒精棉球或2%碘酒消毒，一手三指提起皮肤使之呈三角形，另一手将注射器呈45°角扎入三角形内，若不见回血，则缓缓将药物注射于皮下，用酒精棉球压迫片刻即可。疫苗免疫一般采用皮下注射。油类药物和刺激性药物易造成硬结或炎症，不宜皮下注射。

2. 肌内注射　选择臀部和大腿外侧肌肉丰满部位，注意避开大血管、神经和骨骼。局部消毒后，注射器扎入肌肉一定深度，若无回血，则慢慢注入药物。

3. 静脉注射　一般选用耳缘静脉。保定好后，用手弹击耳缘，待耳缘静脉怒张后，消毒，沿回心方向平行静脉刺入，若回抽见血，推药无阻力，皮下无肿胀，则缓缓注入药物。

(三)直肠给药　指用橡胶管或软塑料管，涂上润滑油，缓缓插入肛门5～10厘米，灌入加热到40℃左右的液体(植物油或液状石蜡20毫升，肥皂水50毫升)。多用于治疗便秘、毛球病等。

(四)外用给药　多用于杀灭体表寄生虫和体表消毒。

1. 点眼、滴鼻　操作时注意用药后，要固定几分钟，防止药物甩出。

2. 涂搽　多用于局部体表的创伤或寄生虫感染部位。操作时先剪去用药部周围被毛,清洁污物,再涂搽药物。如果患病部位有痂皮,先除掉痂皮,再涂搽药物。对于兔疥螨病,螨虫在痂皮下生活繁殖,刮出痂皮,才能将虫体杀死。痂皮较硬,可先用香油或甘油对痂皮浸润,不可强行刮除痂皮,防止伤害真皮组织。由于大部分药物对虫卵没有杀灭作用,应每隔 5～7 天重复 2～3 次,以杀死幼虫。

3. 喷雾　多用于体表和环境消毒。注意药物的配比浓度和用药时间的长短。浓度过高,用药时间太长,谨防兔子中毒。兔子的嗅觉发达,尽量避免用有刺激性气味的药物。兔子喜干怕潮,喷雾后,密闭空间一定时间后,必须通风,以降低兔舍的湿度。

三、给药剂量和用药原则

药物的剂量是决定动物体内血药浓度及药物作用强度的主要因素。在一定范围内,药效随着剂量的增加而增加,药物超过一定剂量或使用不当,就对动物产生毒害作用。剂量过大或长期使用,药物有可能变成“毒药”。在临床诊治过程中,可根据药品厂家推荐量、药品有效成分的含量、兔子个体的体重和采食(水)量的多少来综合考虑。一般抗菌药物为 3～4 天,同类抗菌药物用药不超过 5 天。

(一)尽量减少不必要的用药　在养兔的生产过程中,为了提高生产效益,应做到无病早防,有病早治。疾病的治疗过程,应尽量减少不必要的用药。尤其是对妊娠兔和哺乳兔更应谨慎用药。妊娠期间用药过量、长期用药、误用有缩宫作用的药物或激素,就会造成流产、化胎、畸形胎或仔兔发育不完全的情况。俗话说:“是药三分毒”,在哺乳期间用药,可因药物随乳汁排泄,造成乳汁内含药量太高或仔兔误食药物的情况,导致仔兔药物中毒。

(二)注意联合用药　联合用药是指应用多种药物进行治疗。多种药物治疗增加了药物之间的相互作用,为了尽量避免出现拮抗作用或产生毒性作用，所以除了确实有协同作用的联合用药外，一般避免联合用药。目前联合用药效果确实的有：青霉素与链霉素合用，扩大抗菌谱；磺胺药与甲氧苄啶（TMP）或二甲氧苄啶（DVD）联合，抗菌作用增强；林可霉素和大观霉素合用；阿莫西林与克拉维酸合用；泰妙菌素与金霉素合用。

联合用药时应同时注意药物的理化性质、药动学因素、药效学的影响和配伍禁忌。

（三）维持健康的兔肠道菌群

根据兔的消化特点和生活习性，若盲目用药，杀死了盲肠内原有有益微生物和原虫，破坏了兔肠道的正常菌群，会引起消化吸收功能紊乱，导致兔体质下降，更不利于机体的恢复。在兔的日常管理和兔病的治疗过程中，应注意以下几点：

第一，精心饲养，加强管理，不喂发霉变质的饲料。饮用水清洁卫生。饲草多用草粉，不喂带有污泥污水草料及有毒的野草。

第二，严把防疫关，对健康兔群平常日粮中尽量不添加药物，不预防性投用抗生素，可投服益生菌。

第三，口服广谱抗菌药（如土霉素、氟苯尼考）易引起肠道菌群失调。因此，使用抗菌药时尽量选择注射给药，可减少吸收时间提高血药浓度，同时也降低了消化道内抗菌药物的浓度。

第四，在治疗消化道疾病时，可同时投服吸附剂，用来吸附肠道内有害菌产生的毒素；治疗后期投服益生菌，以帮助兔肠道正常菌群的重建。

第五，在更换饲料时，不要突然改变，要有一个过渡期（7～10天），逐渐增添新饲料、减少原饲料，让兔的消化系统能逐渐适应消化新饲料。

（四）注意标本兼治 所谓治标，是指针对疾病出现的症状，运用药物缓解或改善疾病症状，以达到恢复正常功能的目的，也称对症治疗。例如:有机磷中毒用解磷定解毒;发热可用解热药物;呼吸困难可用平喘药物等。所谓治本,是指药物用于消除原发致病因素,以达到治疗的目的。例如:治疗寄生虫病用抗寄生虫药直接杀死寄生虫;用抗生素杀灭细菌。临床治疗兔病时,一定要标本兼治,如此才能取得最好的疗效。

四、药物配伍与禁忌

配伍禁忌,是指两种以上药物混合使用时,发生相互作用,出现使药物中和、水解、破坏失效等理化反应,同时可能发生浑浊、沉淀、产生气体及变色等外观异常的现象。有些药品配伍可使药物的治疗作用减弱,导致治疗失败;有些药品配伍可使副作用或毒性增强,引起严重不良反应;还有些药品配伍可使治疗作用过度增强,超出了机体所能耐受的能力,也可引起不良反应。

常见抗菌药物配伍情况见表 2-1。

五、抗菌药物的合理运用

目前,抗菌药物的不合理使用尤其是抗生素滥用的现象较多,不但造成药品浪费,生产成本增加,还造成药物的不良反应增多,细菌耐药性产生,甚至临床治疗失败。为了降低生产成本,充分发挥药物的作用,提高药物治疗水平,必须合理使用抗菌药物。

(一)正确诊断,严格选药 每一种抗菌药都有相应的抗菌谱。正确诊断掌握病情,明确致病菌,选择对病原菌高度敏感的药物是正确治疗的关键。如果有条件,可根据细菌的分离鉴定和药敏试验的结果来合理选择抗菌药。对无临诊指征或指征不强者,尽量避免使用抗菌药。例如:兔毛癣病主要是真菌引起,如未并发细菌病(出现毛囊脓肿),就不要选用一般抗菌药,而应选用对真菌敏感的药物。

表 2-1 常见抗菌药的配伍情况

种 类	代表药物	配伍情况
青霉素类	青霉素 G、氨苄青霉素、阿莫西林	与链霉素、多黏菌素、新霉素、喹诺酮类、磷霉素等配伍，疗效增强； 与替米考星、强力霉素、氟苯尼考配伍，疗效降低； 与维生素 C、罗红霉素及磺胺类配伍，沉淀、分解，失效
头孢菌素类	头孢拉定、头孢氨苄、头孢噻呋、头孢喹肟	与青霉素氨基苷类联合应用时有协同作用； 与氨茶碱、磺胺类、维生素 C、罗红霉素、盐酸多西环素等配伍，沉淀、分解，失效
大环内脂类	阿奇霉素、罗红霉素、泰乐菌素、替米考星、	与庆大霉素、新霉素、氟本尼考、磷霉素等配伍疗效增强； 与盐酸林可霉素配伍，降低疗效； 与磺胺类、氨茶碱配伍，毒性增强； 与氯化钠、氯化钙配伍，出现沉淀、析出，失效
林可胺类	盐酸林可霉素	与甲硝唑、磷霉素配伍，疗效增强； 与磺胺类配伍，混浊，失效； 与罗红霉素、替米考星配伍，疗效降低
氨基苷类	链霉素、庆大霉素、新霉素、卡那霉素、大观霉素	与氨苄青霉素、头孢拉定、头孢氨苄、盐酸多西环素、甲氧苄啶、磷霉素等配伍，疗效增强； 与维生素 C 配伍，抗菌作用减弱； 与同类药物配伍，药物毒性增强
多肽类	多黏菌素类、黏杆菌素	与强力霉素、氟本尼考、头孢氨苄、罗红霉素、替米考星、喹诺酮类、磷霉素等配伍，疗效增强； 与硫酸阿托品、先锋霉素Ⅰ、新霉素、庆大霉素等配伍，毒性增强

续表 2-1

种　类	代表药物	配伍情况
四环素类	四环素、土霉素、强力霉素、金霉素	与同类药物及泰乐菌素、泰妙菌素、甲氧苄啶、磷霉素配伍，增强疗效(或减少使用量)； 与氨茶碱配伍，分解失效； 遇三价金属阳离子会形成不溶性难吸收的络合物，失效
氯霉素类	甲砜霉素、氟本尼考	与新霉素、黏杆菌素、强力霉素、磷霉素配伍，疗效增强； 与氨苄西林钠、头孢氨苄等配伍，疗效降低 与叶酸、维生素 B_{12} 配伍，会抑制红细胞生成； 与喹诺酮类、磺胺类、呋喃类配伍，毒性增强
磺胺类	磺胺甲基异恶唑、磺胺嘧啶钠、磺胺间甲氧嘧啶、磺胺氯吡嗪钠、磺胺喹恶啉钠	与甲氧苄啶、新霉素、庆大霉素、卡那霉素、磷霉素等配伍，疗效增强； 与氨苄青霉素、头孢氨苄、头孢拉定等配伍，疗效降低； 与罗红霉素、氟苯尼考等配伍，毒性增加
喹诺酮类	诺氟沙星、环丙沙星、恩诺沙星、氧氟沙星、二氟沙星、达氟沙星	与氨苄青霉素、链霉素、新霉素、庆大霉素、磺胺类、头孢氨苄、头孢拉定、磷霉素配伍，疗效增强； 与四环素、强力霉素、氟苯尼考、呋喃类、罗红霉素等配伍，疗效降低； 与氨茶碱同用会析出沉淀； 与金属阳离子(钙、铁、镁、铝等)会形成不溶性难吸收的络合物；

(二)制定合理的给药方案 抗菌药在机体内要发挥杀灭或抑制病原菌的作用,必须在靶组织或器官内达到有效的浓度,并能维持一定的时间。在抗菌药的选择中,必须考虑各药的药动学和药效学,再根据兔的病情和体况,制定出合理的给药方案,包括药物品种、给药途径、剂量、间隔时间及疗程等。用药剂量要准确,时间应充足(一般 5~7 天)。

(三)防止耐药性产生

大部分细菌都会产生耐药性,其中以金黄色葡萄球菌、大肠杆菌和绿脓杆菌最易产生耐药性。为了防止耐药菌株的产生,应注意以下几点:①严格掌握适应证,不滥用抗菌药物。②严格掌握用药指征。病原不明者,不轻易使用抗菌药。用药剂量要够,时间适当。③尽可能避免局部用药,并杜绝不必要的预防用药。④尽量减少长期用药。防止大剂量用药,治疗时间超长。

六、抗球虫药的合理运用

球虫病是一种严重危害兔的传染性寄生虫病。目前市面上没有球虫疫苗出售,控制球虫病的有效手段仍是药物预防。合理应用抗球虫药,可以有效地防控球虫病和避免毒副作用的产生。使用抗球虫药时要注意以下几个方面:

(一)防止耐药性的产生 长时间、低剂量使用一种抗球虫药,可诱发球虫产生耐药性,有的药物还会对作用机制相同或结构相似的同类药物产生交叉耐药性,从而使药效降低甚至失效。在日常养殖过程中,短期内将不同类的、作用机制不同或作用峰期不同的抗球虫药轮换或交替使用,能避免耐药性的产生。如果采取复合药物或中西药结合,效果更好。

(二)合理选用抗球虫药 每种抗球虫药物均有其抗虫谱,其抑制球虫生长发育的阶段和作用峰期各不同。在临床用药过程中应尽早确定主要的致病虫种,根据各种球虫对抗球虫药的敏感性不同，选择适宜的抗球虫药。

（三）注意商品药的药物成分 目前在市面上的一些商品药仅仅标注商品名称，而没有注明其药物主要成分，有些药物虽然商品名不同，但都是一种原料药生产，因此要仔细辨别，避免重复使用，引起家兔中毒。家兔对马杜霉素十分敏感，正常剂量添加即可造成中毒，因此禁止用于兔球虫病的预防和治疗。有些药物在肉中出现药物残留，可危害人类健康，如：磺胺类、聚醚类、氯苯胍、乙氧酰胺苯甲酯等。肉兔在屠宰前应有休药期。

（四）注意给药途径 目前生产中多采用药物加入饲料来进行群体预防和治疗。在拌料时，注意将药物搅拌均匀，避免因个体摄入药物过多出现中毒的情况。在使用全价料时，应注意厂家是否已在饲料内混入抗球虫药，避免重复加药。现在市面上有注射用长效抗球虫药，有用药少、抗虫时间长等优点，在商品兔上使用效果较好，种兔也可根据情况选用。在选择拌料饲喂时，可先用水将药物溶解，再用喷雾器打湿饲料，再混入大批饲料中拌匀。

第三章　消毒剂的选择与应用

当前，养兔业的发展逐步形成规模化，一旦发生传染病，损失巨大。疾病的发生不是孤立的，其流行需要有传染源、传播途径和易感动物三种因素同时存在。而病原体的侵入往往受到兔场整体管理水平的影响。饲养管理及卫生条件的好坏，对疾病发生和发展以及疾病的预防有着重要的影响。采取什么样的方式能够既经济又快速地改善兔场饲养环境呢？消毒就是其中最简洁有效的一种方法。

消毒有两层含义：一是针对病原微生物，并不要求消除或杀灭所有微生物；二是只要将有害微生物的数量减少到无害程度，而并不要求把所有有害微生物全部杀灭。

根据消毒的目的不同，将消毒分为预防性消毒、疫源地消毒、疫点消毒和疫区消毒。预防性消毒是对饲养场所环境、运输工具、餐具、饮水、粪便污水无害化处理和皮毛原料的消毒，旨在未发现传染病的情况下，对有可能被病原微生物污染的场所、物品和动物体进行消毒，以有效地减少传染病的发生；疫源地消毒是指对存在或曾经存在的传染源及被病原体污染的场所进行消毒，旨在杀灭或清除传染源排出的病原体；在传染源排出病原体后，随时将其排泄物、污染物、污染物品和场所进行的消毒，又称为随时消毒；兔场对传染病动物、治愈或死亡后，对兔舍进行的消毒，又可称为终末消毒；疫点消毒对象一般包括病兔、疑似病兔或病原微生物携带者以及工作生活上与发病场所密切相关的人员，旨在对发病场所、疑似发病场所或发现病原微生物携带者地点的消毒处理，切断传播途径；疫区消毒是指对连接成片的多个疫源地范围内的消毒处理，主要包括环境消毒、饮水消毒、污水消毒、养殖场消毒、食品消毒与人员的卫生处理等。

第一节　消毒剂作用机制

了解消毒剂作用机制，不仅可以指导日常消毒工作的正确实施，提高消毒效果，而且也可为新消毒剂的合成和旧消毒剂的改造提供可靠的理论依据。消毒剂作用机制基本上可归纳为以下几方面。

（一）通过分子碰撞原理，杀灭病原微生物　这类消毒剂的配比浓度越高，消毒剂分子就越多，消毒效果就越好；温度越高，消毒剂分子运动就越快，消毒效果就越好；环境中有机物越少，消毒剂分子碰到病原微生物机会就越多，消毒效果就越好。具体作用机制包括以下几方面：

1.使病原体蛋白质变性、沉淀　主要包括酚类、醛类、强碱类等。这类消毒剂的作用特点是杀菌、杀病毒无选择性，可损害一切生命物质，属于原浆毒，消毒过程中可破坏宿主组织，即对兔有毒性，会引起畜禽应激，会污染环境，破坏设备。因此仅可用于空室、环境消毒，绝不能用于带兔消毒。

（1）酚类消毒剂　具有臭药水味的一类消毒剂。这类消毒剂商品名最多，其中苯酚对芽胞、病毒无效，复合酚含41％～49％的酚和22％～26％的醋酸，是酚类消毒剂中消毒效果最好的。常用于消毒池和排泄物的消毒，不能用于带兔消毒。消毒时须先把环境冲洗干净，药物浓度要达到0.5％～1％以上，气温不低于8℃，消毒效果才好。禁止在碱性环境或同碱性溶液及其他消毒剂混合使用。这类消毒剂可用于消毒池，但池子要经常清洗，消毒剂要常换。

（2）碱类消毒剂　常见的有烧碱、生石灰等。常用2％～3％烧碱溶液和10％～20％石灰乳消毒及刷白畜禽场墙壁、屋顶、地面等。配制烧碱溶液时提高溶液温度、加入食盐，消毒效果更佳。用烧碱液消毒时应注意防护，消毒畜舍地面后6～12小时，应再用清水冲洗干净，以免引起兔趾足和皮肤损害。干石灰不能直接用于消毒，应用现配的20%石灰乳消毒才有效。

(3)醛类消毒剂　常见的为甲醛、戊二醛。甲醛是最好的熏蒸消毒剂。熏蒸消毒必须在较高的室温(高于18℃)，空气相对湿度为80%左右才有效，低于15℃，甲醛很容易聚合成聚甲醛而失去消毒功效，甲醛气体穿透力较差，应把物体特别是垫料尽量散开。40%甲醛溶液(福尔马林)长期贮存或水分蒸发后会变成白色多聚甲醛沉淀，失去消毒效果。戊二醛常用其2%溶液，消毒效果好，不受有机物影响，若用0.3%碳酸氢钠作缓冲剂，效果更好。

2. 干扰病原体的重要酶系统，影响菌体代谢　主要有氧化剂和卤素类消毒剂。此类消毒剂是通过氧化还原反应损害细菌酶的活性基因，或因化学结构与代谢物相似，竞争或非竞争性地同酶结合，抑制酶的活性，引起菌体死亡。高浓度时具一定毒性，可用于空室消毒，也可用于带兔消毒。

(1)氧化剂类消毒剂

①过氧乙酸　又名过醋酸，有强烈的醋酸味，性质不稳定，易挥发。因此应现配现用，最好选用市售20%浓度、在半年内生产的。对真菌和芽胞均有效。一般使用浓度0.1%～0.5%。过氧乙酸在酸性环境中作用力强，不能在碱性环境中使用。

②高锰酸钾　常与甲醛溶液混合用作熏蒸消毒。也可用作饮水消毒。

(2)卤素类消毒剂

①氯化合物　是含有氯臭(漂白粉味)的一类消毒剂，如二氯异氰脲酸钠、漂白粉等。新出厂的氯化合物消毒力特别强，但性质不稳定，作用力不持久。因氯遇水以后，可生成盐酸和次氯酸，所以氯化合物在酸性环境中消毒力较强，在碱性环境下作用力减弱，

对金属有一定的腐蚀作用，对组织有一定的刺激性。一般用其0.5%～1%溶液杀灭细菌和病毒，用5%～10%溶液杀灭芽胞。冬季用量是夏季的2～3倍，作用时间是夏季的3～5倍。使用的稀释用水要干净，畜禽舍、地面、墙壁也要冲洗干净。尽量用新制的产品，当有效氯降低至16%时不能用于消毒。

②碘与碘化合物　是具有碘伏、碘酊样颜色（棕色）和气味的消毒剂。碘为灰黑色，极难溶于水，且具有挥发性。碘有较强的瞬间消毒作用，在酸性环境中杀菌力较强，在碱性环境及有机物存在时，其杀菌作用减弱。碘化合物的产品浓度比较低，一般只有1%～3%，还有0.01%～0.1%的。使用时要特别注意浓度和清除有机物。在畜牧业上多用碘与表面活性剂络合而成的产物（碘伏），使用浓度一般为50～150毫克/千克，50毫克/千克能杀灭细菌，150毫克/千克能杀灭病毒。

（二）通过正负电子主动吸引原理，杀灭病原微生物　消毒剂所带正电荷能主动吸引和吸附表面具有负电荷的物体，如细菌、病毒蛋白质、设备和器具内外表面。正负电子相吸引，使消毒剂分子与细菌、病毒蛋白质接触，产生杀灭作用。如目前广泛使用的季铵盐类阳离子表面活性剂。此类消毒剂能增加病原体细胞膜的通透性，降低病原体的表面张力，引起重要的酶和营养物质漏失，使病原微生物的呼吸及糖酵解过程受阻，菌体蛋白变性，水向菌体内渗入，使病原体破裂或溶解而死亡，呈现杀菌杀病毒作用。

季铵盐类阳离子表面活性剂抗菌、抗病毒谱广，作用快，低浓度就能杀灭细菌、病毒、真菌。它是一类化学结构的总称，分子结构不同，消毒效果各不相同，有些消毒力极低，有些则特别强。季铵盐又可分为单链季铵盐类消毒剂和双链季铵盐类消毒剂。双链季铵盐的消毒效果一般是单链季铵盐的数倍。双链季铵盐化合物中又因分子结构中碳链的数量和长度不同，消毒效果也有差异，所带碳链多、界面活性大的消毒力强；分子结构中所含卤族类元素不同,消毒效果也不相同,以含溴离子的消毒效果较好,因溴合物比氯合物稳定,但不如碘合物效果好。

第二节　消毒剂的种类

一、酸　类

代表药物:过氧乙酸。过氧乙酸为高效消毒剂,但有腐蚀性和刺激性,性质不稳定,遇热易引起爆炸。

二、碱　类

代表药物:氢氧化钠。此为高效消毒剂,易吸水而潮解,对设备等有强腐蚀性,使用时应注意人畜安全。

三、醛　类

代表药物:甲醛、戊二醛。甲醛用于熏蒸消毒,能杀灭芽胞,但对人畜有毒性,忌与碱类混用。

四、醇　类

代表药物:乙醇。70%乙醇为常用消毒剂,用于手部、注射部位消毒。

五、酚　类

早期的甲酚和酚类多数是从煤焦油中提取的高沸点成分,如焦油酸(Torracid)等所获得的,缺点是毒性、刺激性和腐蚀性较大;后来逐渐发展为人工合成的经过卤化或烷基化的酚衍生物,其在杀菌能力、减少毒性等方面均有所不同。现在市场上的代表性产品有美国产的农福(Farmot)烷基酚,又称复合酚,是一种中效的广谱杀菌剂，可杀灭细菌、真菌和部分病毒。国产的同类商品有：菌毒杀、菌毒净、菌毒灭、杀特灵等。此类产品的优点是：性质较稳定、生产工艺简单，对物品腐蚀性轻微，可用于兔舍的环境消毒，对各种细菌和有囊膜病毒（如A型魏氏梭菌、兔水疱性口炎病毒）的杀灭能力较强；缺点是：对结核杆菌和芽胞的作用不确实，对非囊膜病毒（如兔瘟病毒）的效果较差；消毒作用易受碱性物质和有机物的影响；有特殊臭味，对工作人员的污染较大，对皮肤有一定的刺激性，活畜禽消毒使用很受限制。

六、卤素类

（一）氯制剂 由于无机氯（如次氯酸钠，即消毒粉）的性质不稳定、难贮存、强腐蚀等缺点，近年来国内外公司研究开发出性质稳定、易贮存、低毒、含有效氯达60%～90%的有机氯，如二氯异氰尿酸钠（ADCC，ACL60）、二氯异氰尿酸、二氯异氰尿酞胺（TCM），国内同类产品有优氯净、百毒克、消毒王等。此类消毒剂的优点是：价格低廉、使用方便、高效、消毒谱广，对细菌、芽胞和各种病毒均有较好的杀灭能力，还能漂白物品；缺点是：易受有机质、还原性物质和酸碱度的影响，有的品种不够稳定，易受外界因素影响而导致有效氯分解丧失，且有新近报道称其对人畜毒性及危害较大。

（二）碘制剂 碘是活性很强的元素，可直接卤化病原体蛋白质，使其迅速变性，蛋白质结构和功能遭受破坏，从而达到杀菌目的；同时碘具有良好的渗透性能，可穿透某些障碍物并能到达菌体的深部而发挥作用，所以杀菌效果更彻底。在同等条件下，同氯或溴相比，碘的杀菌效果是最好的。碘具有快速而高效地杀灭细菌、芽胞、各种病毒及真菌的作用，所以碘制剂很早就被用作外科消毒的首选消毒剂。

碘伏类消毒剂的优点是：消毒谱广，对各种细菌、芽胞、病毒以及真菌均有杀灭能力；作用快速；气味小，无刺激，无腐蚀、毒性低；性质稳定、耐贮存。缺点是：在酸性环境下（pH 值 2～5 范围内）消毒效果好，若 pH 值小于 2，则对金属有腐蚀作用；若有碱性物质存在，则杀菌效果较差；其有效成分是游离碘，故遇还原物质消毒效果会降低；日光会加速碘伏的分解，故应避光保存。

七、季铵盐类

季铵盐类消毒剂因其有效浓度低、副作用小，无色无臭，低毒安全，曾被认为是理想的消毒剂，但后来发现其消毒谱不广，对有些病毒无效，应用范围很有限，之后虽然不断有新品种（如双季铵盐和聚合季铵盐）问世，但迄今未有大突破。此类产品主要成分为烷基或者氯基取代的季铵盐。其优点是：杀菌浓度低、毒性与刺激性低、溶液无色、无腐蚀性、气味小、水溶性好、表面活性强、使用方便、性质稳定、耐光、耐热、耐贮存；缺点是：对无囊膜病毒效果不好，易被各种表面物所吸附而降低有效浓度，配伍禁忌较多（不宜使用硬水，最好用蒸馏水；用冷水时易产生浑浊或析出，宜用温水稀释），杀菌效果受有机物影响大。

八、杂 环 类

这类消毒剂属于高效消毒剂，如环氧乙烷。它可杀灭所有微生物，并且由于穿透力强，常用于皮革、塑料、医疗器械、用品包装后进行的杀菌和消毒，对大多数物品并无损害，可用于精密仪器、贵重物品的消毒，尤其对纸张色彩无影响，常用于书籍、文字档案材料的熏蒸消毒，也用于种兔舍的空舍、兔皮、毛消毒。

九、过氧化物类

此类消毒剂具有强氧化能力，各种微生物对其均十分敏感，可将所有微生物杀灭。包括过氧化氢、过氧乙酸、二氧化氯和臭氧等。其优点是消毒后在物品上不留残余毒性;缺点是不能用于带畜消毒。

消毒对象和应用场合的不同,选择消毒剂时所要考虑的因素也有所不同,但作为优秀的消毒剂应当具备下述特点:消毒谱广,对各种微生物都有效;不受外部环境的干扰和影响,有强大的耐硬水性能,耐酸碱、耐低温,有较高的抗有机质的性能,穿透力强,作用迅速、持久;高效,低浓度时仍具有很好的消毒能力;水溶性好,性质稳定,不易氧化分解,不易燃易爆,适于运输和贮存;低腐蚀性、刺激性,无味无臭,消毒后易于除去残留药物,对环境污染小;价格低廉,易于使用操作。生产中,满足上述所有条件的消毒剂几乎没有,应根据实际情况合理选择。

第三节　影响消毒效果的因素

一、消毒剂本身的因素

针对所要消毒的微生物特点,选择恰当的消毒剂很关键,如果要杀灭细菌芽胞或非囊膜病毒,则必须选用高效消毒剂(如碘制剂或氯制剂),才能取得可靠的消毒效果;若使用酚制剂或季铵盐类消毒剂,则效果很差;季铵盐类是阳离子表面活性剂,有杀菌作用的阳离子具有亲脂性,能杀灭囊膜病毒(囊膜中含有不少脂质成分)效果较好,但对非囊膜病毒就无能为力了。所以为了取得理想的消毒效果,必须根据消毒对象及消毒剂本身的特点科学地进行选择,这样才能确保有效。

二、消毒剂的配方

良好的配方能显著提高消毒的效果:如季铵盐类消毒剂用70%乙醇配制比用水配制穿透力更强,杀菌效果好。酚若制成甲酚的肥皂溶液就可杀死大多数繁殖体型微生物；后来用二甲苯酚和乙基酚代替甲酚，降低了产品的腐蚀性，同时也拓宽了应用领域。戊二醛和环氧乙烷联合应用，具有协同效应，可提高消毒效力。另外，用具有杀菌作用的溶剂，如甲醇、丙二醇等配制消毒液，常可增强消毒效果。

消毒剂之间也会产生拮抗作用，如酚类（苯酚、复合酚等）不宜与碱类消毒剂混合，阳离子表面活性剂（如季铵盐类型阳离子表面活性剂）不宜与阴离子表面活性剂（肥皂等）及碱类物质混合，因为彼此会发生中和反应，产生不溶性物质，从而降低消毒效果。因此，消毒剂不能随意混合使用，但可考虑选择几种产品轮换使用。

三、消毒剂的浓度

通常消毒剂的消毒效果与其浓度成正比，在配制消毒剂时，要选择既有效又对人畜安全、对设备无腐蚀的浓度。每一种消毒剂都有最低有效浓度，若低于该浓度，就会丧失消毒能力；但浓度也不宜过高，否则不但造成不必要的浪费，还可增加腐蚀性、刺激性或毒性，对兔健康不利。因此应按照说明书正确配制。

四、环境因素

（一）温度　通常温度升高消毒速度会加快，药物的渗透能力也会增强，可显著提高消毒效果。如甲醛在室温15℃以下用于消毒时，即使用其有效浓度，仍不能达到很好的消毒效果，如果把室温提高到20℃以上则消毒效果就非常好。

（二）酸碱度　可从两方面影响消毒效果，一是对消毒剂本身的作用，许多消毒剂对酸碱度很敏感，pH 值变化可改变其溶解度、离解度和分子结构；二是对微生物的影响，病原微生物的适宜生长 pH 值在 6～8 之间，pH 值过高或过低都不利于杀灭病原微生物。

酚类、次氯酸等是以非离解形式起杀菌作用，所以在酸性环境中其杀菌效果好，碱性环境就差。在偏碱性时，细菌带负电荷多，有利于阳离子型消毒剂的作用；而对阴离子消毒剂来说，酸性条件下消毒效果更好些。新型的消毒剂常含有缓冲剂等成分，可以减少酸碱度对消毒效果的直接影响。

(三)有机物　消毒现场通常会遇到各种有机物，如畜禽机体的分泌物、排泄物脓液及饲料残渣等，这些有机物的存在会严重消耗消毒剂，从而降低消毒效果。究其原因主要是：有机物覆盖在病原表面，妨碍消毒剂与病原直接接触，从而延迟消毒反应，有些种类消毒剂还会与有机物发生化学反应，从而失去消毒效果，以至于对病原杀不死、灭不完。

五、病原微生物的类型与数量

不同类型的微生物对消毒剂的敏感性不同，而且每种消毒剂还有各自的特点，因此消毒时应根据具体情况科学地选用消毒剂。

1. 病原类型　通常革兰氏阳性菌要比革兰氏阴性菌对消毒剂更敏感；革兰氏阳性菌对季铵盐类比革兰氏阴性菌敏感，易被卤素灭活，对酚制剂也很敏感。

某些细菌如魏氏梭菌能产生芽胞。其具有较厚的芽胞壁和多层芽胞膜，结构坚实，含水量少。大多数消毒剂是不能杀灭细菌芽胞的，如酚类、季铵盐类、乙醇类等，只是在浓度较高时能抑制芽胞的生长发育。目前公认的杀芽胞类消毒剂主要有：戊二醛、甲醛、环氧乙烷及氯制剂和碘伏等。

病毒分为有囊膜病毒（亲脂病毒、憎水病毒）和无囊膜病毒（亲水病毒）两种。具有亲脂特性的消毒剂对囊膜病毒是有效的，如酚类制剂、阳离子表面活性剂、季铵盐类等消毒剂对常见囊膜病毒（如兔水疱性口炎病毒、仔兔轮状病毒及兔痘病毒等）很有效，但对非囊膜病毒的效果就很差。对于兔瘟病毒等非囊膜病毒，必须用高效消毒剂才能确保有效杀灭，常用的高效消毒剂有碱类、过氧化物类、醛类、氯制剂和碘伏类等。

(2)病原的数量　若待消毒区域病原微生物数量较多，则消毒剂的用量要加大，消毒时间也要延长，这样才能达到良好的消毒效果，特别是重污染区或高危区域，如产仔房、配种室及伤口等破损处。消毒前应先做好卫生工作，除去表面污物，再加强消毒，并适当增加消毒次数。

第四节　兔场常用消毒剂的配制及使用

一、兔场常用消毒药剂

(一)氢氧化钠(烧碱、火碱、苛性钠)　本品对细菌(如兔巴氏杆菌、兔魏氏梭菌等)、病毒(如兔瘟病毒、兔水疱性口炎病毒等)、寄生虫卵(兔螨、兔虱)都有杀灭作用，常用2%～3%的热水溶液消毒兔舍、饲槽、运输用具及车辆等，在使用过程中要防止对人体皮肤、铝制品、油漆物品、棉毛织品等的损害。

(二)高锰酸钾　0.05%～0.1%溶液用于饮水消毒；2%～5%水溶液用于浸泡、洗刷饮水器及饲料桶等；与福尔马林配合，用于兔舍熏蒸消毒。熏蒸消毒操作方法：每立方米空间用高锰酸钾12.5克、福尔马林25毫升，注意先将高锰酸钾倒入大的搪瓷容器内，再加入福尔马林，人员迅速退出关闭门窗，消毒10～12小时再打开门窗通风。

(三)生石灰　一般加水配成10%～20%石灰乳液，粉刷兔舍的墙壁，寒冷地区常洒在地面或兔舍出入口作消毒用。

(四)漂白粉　本品能杀灭细菌、芽胞(巴氏杆菌)、病毒及真菌，用于兔舍、饲槽、车辆的消毒，一般用其5%～20%混悬液喷洒，有时可撒布其干燥粉末；用于饮水消毒，每升水中加入0.3～

1.5克漂白粉，不但杀菌，也有除臭作用。

(五)来苏儿 即50%煤酚皂溶液。2%溶液用于手部、皮肤和外伤的消毒；3%～5%溶液用于外科手术器械、兔舍、饲槽的消毒；也可用于内服治疗腹泻、便秘，兔一次内服2～3毫升(加水100～150毫升稀释)。

(六)过氧乙酸(过醋酸) 市售商品为15%～20%溶液，有效期6个月，应现用现配。0.3%～0.5%溶液可用于兔舍、饲槽、墙壁、通道和车辆喷雾消毒，0.1%可用于带兔消毒。

(七)甲醛 4%溶液用于手术器械的消毒，浸泡30分钟。在养兔生产中主要作为气体消毒剂，用于兔舍、房室熏蒸消毒。消毒方法：每立方米空间用20毫升福尔马林(40%甲醛溶液)，加等量水，加热使其挥发成气体，要求空间密闭，室温在15℃以上，空气相对湿度60%～80%，消毒8～10小时。

(八)次氯酸钠 含有效氯量14%。常用0.3%溶液作兔舍和各种器具表面消毒，0.05%～0.2%溶液用于带兔消毒。

(九)百毒杀、1210 均为季铵盐类，具有较好的消毒效果。常用浓度为0.1%，带兔消毒常用浓度为0.03%。

(十)新洁尔灭 又称苯扎溴铵。0.1%溶液用于消毒手指，浸泡消毒皮肤、外科手术器械和玻璃用具，0.01%～0.05%溶液用于阴道、膀胱黏膜及深部感染创面的冲洗消毒。浸泡器械时，应加入0.5%亚硝酸钠，以防生锈。禁与肥皂、碘酊、高锰酸钾、升汞等合用。

(十一)绿都威力碘 本品是一种含碘消毒药液，具有广谱速效、无毒、无刺激、无腐蚀性的优点，并有清洁功能，对人畜无害，可用于兔舍、畜体消毒。Ⅰ型速效碘300～400倍稀释液可用于兔舍消毒，350～500倍稀释液用于饲槽消毒。

(十二)绿都金碘 本品为高效含碘消毒防腐药，可有效杀灭各种病毒、细菌、芽胞、支原体及真菌，可用于皮肤、机体消毒，也可用于场地、食具的消毒，安全广谱、无刺激、应用范围广。

表 3-1　绿都金碘使用方法

应用对象	稀释比例	使用方法	使用时间
饲养场所、器具	1∶1500	喷洒消毒	可长期使用
带兔喷雾	1∶2000	喷雾消毒	每周 2 次
场地环境	1∶1500	冲　洗	7 天 1 次
动物疾病转归期	1∶1000	喷雾消毒	2 天 1 次
病毒传染病暴发期	1∶500～1000	冲洗喷雾	每天 3～5 次
器　具	1∶2000	浸泡消毒	7 天 1 次
消毒池	1∶500～1000	浸　泡	7 天 1 次

（十三）高碘乐　本品为高效消毒药，能杀死细菌、真菌、病毒及阿米巴原虫，可用于畜舍、饲喂器具的消毒，安全广谱、无刺激、应用范围广。

（十四）菌毒敌（毒菌净、农乐）　本品为复合酚，含酚 41%～49%、醋酸 22%～26%，主要用于圈舍、排泄物的消毒。通常施药 1 次，药效可维持 7 天，喷洒浓度为 0.35%～1%。

（十五）二氯异氰尿酸钠粉　本品为高效消毒药，杀菌谱广，对繁殖型细菌和芽胞、病毒、真菌孢子有极强的杀灭力，主要用于兔舍、畜栏、器具及饮水等的消毒。本品使用方便，高效，安全，无药残，可用于烟熏消毒。

表 3-2　二氯异氰尿酸钠粉使用方法

应用对象	稀释比例	使用方法	使用时间
饲养场所、器具消毒	1∶1500～2000	冲洗喷雾	可长期使用
疫源地消毒	1∶1000	冲洗喷雾	每天 1～2 次
烟熏消毒	1～2 克/米^3	烟熏	可长期使用

用于烟熏消毒时，将药物均匀分点放置，用火柴或烟头点燃后迅速离开，将门窗密闭24小时，通风1小时后方可进入。用量视污染程度，重者3～5克/米^3。

(十六)绿都百毒杀 主要成分戊二醛与癸甲溴铵，为复合、高效消毒防腐药，能有效杀灭细菌的繁殖体和芽胞、真菌、病毒，作用持久，可用于养殖场、公共场所、设备器械等的消毒。

表3-3 绿都百毒沙使用方法

应用对象	稀释比例	使用方法	使用时间
饲养场所、器具消毒	1∶1500～2000	喷洒消毒	可长期使用
带兔喷雾消毒	1∶2000	喷雾消毒	每周2次
场地环境消毒	1∶1000～1200	喷雾消毒	2天1次
动物疾病转归期	1∶1000	冲洗喷雾	1天3～5次
疫病发生时环境消毒	1∶2000～2500	浸泡消毒	7天1次
器械、设备等消毒	1∶500～1000	浸泡	7天1次

(十七)绿都牧安 主要成分为戊二醛，为高效消毒防腐药，属中性，能够迅速杀灭各种病毒、细菌、真菌等病原微生物，用于各类型养殖场、环境、场地、手术器械、各种设备消毒。

表3-4 绿都牧安使用方法

应用对象	稀释比例	使用方法
平时预防	1∶3000～5000	喷洒、冲洗、洗涤、浸渍
临近养殖场发病时	1∶1000～2000	
场内发生疾病时	1∶300～500	

(十八)绿都菌毒消

主要成分：苯扎溴铵-戊二醛，为新型复合、强效消毒剂，具有高效、速效、广谱、安全等特点，对各种病毒和细菌均具有极强的杀灭作用,另外对水体微生物及水生动物病毒、细菌等也具有很强的杀灭作用。广泛用于养殖场、饲料场及车辆用具等的灭菌消毒,也可用于饮水消毒。

(十九)菌克星 主要成分:苯扎溴铵。本品为阳离子表面活性剂,对细菌,如化脓杆菌、肠道菌等有较好的杀灭能力,用于各类型养殖场、环境、场地、道路、饮水、动物体表、创面、手术器械、各种设备、工作人员的消毒。

(二十)绿都消毒威 主要成分:癸甲溴铵-碘,为高效复合消毒防腐药,主要用于养殖场等的器具消毒、喷雾消毒。用于浸泡、喷撒、喷雾时,先配成0.02%~0.05%溶液(以癸甲溴铵计,2000倍稀释)。

二、消毒剂使用注意事项

(一)确保浓度准确 任何一种消毒药的消毒效果都取决于其与微生物接触的有效浓度,同一种消毒剂的浓度不同,其消毒效果也不一样。大多数消毒剂的消毒效果与其浓度成正比,但也有些消毒剂浓度增大时消毒效果反而下降。因此,应该严格按说明书要求使用。

(二)用干净容器配置消毒液 各种有机物,如血液、培养基成分、分泌物、脓液、饲料残渣、泥土及粪便等,这些有机物的存在会严重干扰消毒剂的消毒效果。因为有机物覆盖在病原微生物表面,妨碍消毒剂与病原直接接触而延迟消毒反应,以至于对病原杀不死、杀不全。

(三)现配现用 有些消毒剂如氯制剂,制成溶液后,活性只能维持几个小时,如果配制后放置时间过长,或者被粪便之类的有机物质沾污,就会失去活性,起不到消毒效果。因此消毒剂应现配现用,不宜久放。

第四章　规模化兔场生物安全体系的建立

第一节　传染病流行的三个环节

传染病的流行过程是指由一只家兔感染发病，发展到群体感染发病，也就是传染病在兔群中发生发展的过程。传染病在兔群中流行蔓延，首先由病兔或带菌（毒、虫）兔排出病原体，然后排出的病原体经过某种传播途径，感染易感兔，导致出现新的病兔。此过程中必须有传染源、传播途径、易感兔三个基本条件同时存在，缺一不可，否则，传染病都会终止流行。各种外界因素通过作用于这三个基本环节而影响和改变传染病的流行过程。

一、传染源

传染源也叫传染来源，是指携带及排出病原体的家兔，包括病兔和病原携带兔。对于人兽共患的传染病，人和其他携带、排出病原体的动物也是传染源。传染源能够连续不断地向外界排出病原体。

所谓病兔，是指处在前驱期和症状明显期的发病兔，它是重要的传染源，能够向外界排出大量病原体。因此对病兔要严格隔离、消毒。死亡的病兔在一定的时间内尸体内仍有大量的病原体生存。例如：兔瘟病死兔、魏氏梭菌病死兔等如果处理不当，可造成病原体散播。因此对病死的尸体也要严格销毁或深埋。

病原携带兔是指外表无症状，但能够携带和排出病原体的兔。一般来说，它排出病原的数量少于病兔。例如：母兔大肠杆菌病、波氏杆菌病等。所以，当引进种兔时应在隔离区隔离饲养一段时间，确认无病时再并入大群，以保障兔群安全。

二、传播途径

传播途径是指病原体由一个传染源传播到另一个易感个体所行经的途径。病原体在受感染的机体内不可能永久的存活下去，必须由一个宿主转移到另一个宿主以继续存活。病原体更新宿主在很大程度上取决于病原体在受感染机体内的存在和繁殖部位，以及病原体排出体外的途径。按病原体更迭宿主的方式可分为垂直传播和水平传播。

（一）垂直传播　是指病原体由母兔卵巢、子宫内感染或通过初乳传播给乳兔的传播方式。以这种方式传播的疾病常见有兔葡萄球菌病、兔沙门氏菌病等。

（二）水平传播　是指兔与兔之间的横向传播。几乎所有的传染病都可以经水平传播的方式传播。水平传播常常需要一些外界因素参与，这些参与传播的外界因素称为传播媒介。传播媒介可以是无生命的物体，称为媒介物；也可以是有生命的生物，称为媒介者。根据传播媒介的不同，可分为如下传播方式：

1. **直接接触传播**　是指病原体由传染源与易感兔直接接触而引起的传播，没有任何媒介参与。常见的直接接触方式有舔咬、交配等。传播特点是一个接一个地发生，呈链索状，而且不易造成大规模流行，呈散发，无明显的季节性。如兔布鲁氏菌病等。

2. **空气传播**　是以空气中的飞沫、飞沫核以及尘埃作为媒介物而引起的传播。经空气传播的疾病有如下流行特点：病例连续发生，发病兔多为传染源周围的易感兔；潜伏期短的传染病在家兔养殖密集区易暴发；多有季节性和周期性，冬春季多发；兔舍条件差或拥挤的情况多发，如兔瘟、波氏杆菌病、肺炎链球菌病等。

3. **饲料饮水传播**　是指由污染病原体的饲料、饮水作为媒介物而引起的传播。以此种方式传播的传染病常见的有兔豆状囊尾蛔病、沙门氏菌病及大肠杆菌病、泰泽氏病、轮状病毒病等。例如，兔囊尾蚴病的发生主要是犬、猫的粪便污染了饲料而引起的，或经鼠类偷吃饲料带入饲料间，而引发大规模传播。所以要注意环境卫生消毒和饲料、饮水及其盛装用具的卫生管理。

4. 土壤传播　这种方式在家兔发生较少，因为其都是笼养，与地面接触较少，但有时可能跑出笼子，如接触到土壤中的病原，也会引发传染病的流行。

5. 媒介传播　是指除兔以外的其他动物（节肢动物、野生动物和其他畜禽等）和人类作为媒介来传播的一种方式。节肢动物主要包括蚊蝇及蜱类等吸血昆虫，如弓形虫病、乙脑等疾病通过其传播。人类在疾病传播方面有很大的作用，如通过饲养人员、外来人员流动，把其他兔场的病原带进兔场引起疾病传播。犬、猫及鼠类是重要的传播媒介，如兔囊尾蚴病主要是犬、猫的传播，老鼠对饲料的污染也是一个重要的污染源，应引起充分重视。

实际上大多数传染病的传播途径可以有很多种传播方式，只有把所有的传播方式全部切断才有可能终止传染，才能收到事半功倍的效果。

三、易感兔

易感兔的存在是传染病发生和流行的又一个重要条件。有了传染源和适宜的传播途径，没有易感兔群也不会引起流行和出现新增病例。兔对疾病的易感性取决于机体的特异性免疫状态（即抗体水平高低）、兔群的外在因素。特异性免疫状态可以通过人工接种疫苗、疾病康复及人工注射或母源抗体的方式获得。所以，有计划地对兔群免疫接种，是控制易感兔数量，降低兔群发病几率的有效手段。兔群的外在因素主要是管理方面的问题，包括环境卫生、兔舍的温度和湿度、兔群密度、饲料质量和营养及多种应激因素等。这些因素不利时都会极大的影响兔群的健康状态，遇到病原侵入，都容易发病并导致疾病流行。

传染源、传播途径和易感兔在疾病传播方面缺一不可，切断任何一个环节都会导致本次疾病流行终止。正确认识这三个环节，就可以切断传染病流行链条，从而达到预防与控制传染病发生和流行的目的。

第二节　生物安全体系的意义和内容

兔场的生物安全体系，是指在养兔生产中排除疫病威胁，保护家兔健康的各种方法的集成，是传统的综合防治和兽医卫生措施在集约化生产条件下的发展和宏观体现，是现代养殖生产中最基本最重要的动物保健准则。它是一项系统工程，是疫病的预防体系，从建场时就要开始考虑，包括防止传染源进入兔场，增强兔体免疫力，阻止已侵入兔场的病原传染给其他兔等一系列生物安全技术措施的实施，以及防疫制度的建立等。实际上生物安全体系就是从传染病的三个环节着手，在兔场日常管理工作中注重分别切断三个环节，使疾病远离兔场，从而达到兔场不发生传染病，或发生传染病后采取正确的处理方式。生物安全体系是现代化养殖生产中最基本最重要的动物保健准则。其中心思想是严格的隔离、消毒和防疫，关键控制点在于对人和环境的控制。因此可以说，建立成功的生物安全体系是成功养殖的关键。

一、消灭传染源

（一）要尽早发现不健康的病兔　淘汰或作无害化处理，防止传染给其他兔。在实际生产中，养殖者尽量不要治疗病兔，防止扩散传染，因小失大。

（二）场内不要养殖自由活动的动物　其很有可能就是一个传染源，会把一些病原传给兔。例如，狗、猫排泄的粪便本身含寄生虫及虫卵就很多,可以传播兔囊尾蚴病。

(三)控制人员进出场次数 杜绝不必要的参观,是防止把其他兔场疾病传播到本场的有效措施。人员进出、参观可能会将其他场疾病通过衣服、鞋子、皮肤等携带入本场,导致兔群发病。饲养人员应该驻场饲养,定期外出,回来后沐浴并严格消毒才能进入饲养区,另外,参观人员也要按程序消毒方可进入。

(四)种兔引进 为改良兔群品质,在实际生产中难以避免的要引进优良种兔,引进时一定要仔细观察,隔离饲养 1 个月,确认无病后再合群,防止把疾病引入本场。

(五)灭鼠 鼠类和家兔同为啮齿类动物,因此,老鼠会将很多自身疾病传染给家兔。

二、切断传播途径

当本场发生疾病后,应禁止人员流动及封锁厂区,确定传染源并对其合理处理,然后对其周围和全场进行彻底消毒,包括场区内外、兔舍笼具、粪便等。如果周围其他兔场发病,应禁止人员进出场,并对进出车辆及物资严格消毒,同时尽量减少外来动物进入场区,防止其将病原带入场内。

三、减少易感兔数量

在日常饲养过程中要注意培养健康兔群,包括添加防应激药物、日常保健、特异性免疫预防。家兔是很胆小、很娇气的动物,遇到强声、强光及气温变化等,容易产生应激反应,导致机体抵抗力下降,引发疾病,此时应该在饲料或饮水中加入维生素、矿物质、蛋白质等,以提高饲料的营养水平,防止兔群受到伤害。日常保健就是预防性投药,例如:饲喂抗球虫药,制定合适的投药程序,防止疾病发生。减少易感兔最为有效的措施就是定期注射疫苗,制定合适的免疫程序,按程序免疫大肠杆菌病、巴氏杆菌病、波氏杆菌病、魏氏梭菌病、兔瘟等。在发生某些疾病时实施紧急疫苗免疫也是一种很有效的措施，例如，发生兔瘟后对全场紧急免疫兔瘟疫苗，可以在3～5天内控制疫情发展。如果整个兔群易感兔很少的话，那么就不会大规模发生疾病。但是，如果病兔达到一定数量时，就会不断排毒从而使局部区域内病原数量增加，浓度升高，突破健康、不易感兔的免疫屏障，使得具有高水平抗体的兔也会发生疾病，那么疾病就会在兔场发生大规模流行，甚至经久不息，从而导致严重损失。培养健康兔是建立兔场生物安全的核心之一，只有有了健康的兔子才会使发生疾病成了小概率事件，才能得到最大的收益。

总之，只有建立了高效的生物安全体系，保障健康养殖，兔场不发病，饲料报酬高，只有这样才能挣到钱，多挣钱，才能使养殖业主利益最大化，利润最大化。

第三节　高效生物安全体系的建立

近年来，我国养兔业蓬勃发展，集约化饲养与日俱增，高度集约化生产方式，使疫病的发生机会大大增加。由于家兔为草食性动物而拥有发达的盲肠——作为对植物的发酵、处理并获取营养的器官，它内含丰富的微生物，临床上用药会或多或少都能够对它的功能产生一定的影响，且家兔天生胆小，容易产生应激反应，因此家兔的规模化饲养相对其他畜禽如鸡、鸭、猪等要复杂得多。在养殖过程中要树立“兔不病，病不治”的理念，即培养健康的兔群，不让兔群生病，病兔不要治疗，直接淘汰，转而去防治尚未生病的兔群，这就是建立高效养殖的核心内容。建立高效的生物安全体系是养殖成功的必要条件，只有建立高效的生物安全体系，才能获得高品质的家兔产品，从而获得丰厚的利润。以下重点介绍其实施的几个关键环节。

一、养殖场选址和建筑布局

兔场规划应按照兔的生理特点和生活习性，同时有利于生产的安排和防疫需要精心设计，合理安排，周密布局，使之有利于养好兔，产好毛、皮、肉。

（一）场址选择　选择兔场场址，既要考虑兔的生理特点，又要考虑建场地点的自然和社会条件。一个理想的兔场场址应具备以下条件：

1. 地势高燥　新建兔场应选择地势高燥，背风向阳，排水良好的地方，低洼、山谷、背阴地区不宜兴建兔场。场址的地下水位应在 2 米以上。地势过低容易造成潮湿环境，地势过高则容易造成过冷环境，均有损兔的健康。

2. 水源充足　一个理想的兔场场址应水源充足，水质良好，符合饮用水标准。水源以泉水比较理想，其次是井水，禁用死塘水和被工业及生活污水污染的江、河、湖水。饮用自来水应考虑其内含的消毒剂（主要为次氯酸钙），避免直接使用，应充分晾晒后再饮用。而流动的水源应经消毒、晾晒后饮用。

3. 交通便利　兔场场址应选择在环境安静、交通方便的地方，距离村镇不少于1000 米，距交通干线 1000 米，一般道路 500 米以外。大型兔场四周应有围墙或天然屏障与外界相隔，设专用道与交通干线相接，以利于防疫卫生。

4. 兔场朝向　应以日照和当地的主导风向为依据，使兔舍长轴对准夏季主导风。我国大部分地区夏季盛行东南风，冬季多东北风或西北风。所以，兔舍朝向以南向较为适宜，这样冬季可获得较多的日照，夏季则能避免过多的日射。

5. 周边环境　建造兔场还应从长远考虑，注意环境保护和生态良性循环，兼顾经济效益和社会效益。兔场不应成为周围环境的污染源，同时也不能受到周围环境的污染。因此，兔场应建在居民点的下风方向而又离开居民点的排污口。

（二）建筑布局

兔场建筑布局是否合理，直接关系到劳动效率、生产成本和防疫等，因此应全面考虑，合理安排。

1. 生产区　为兔场的核心区，是总体布局中的主体，应慎重考虑。按主风向依次为种兔舍—幼兔舍—生产兔舍等。为便于通风，兔舍长轴应对准夏季主导风。布局整齐紧凑，利用土地经济合理。生产区应有栏墙隔离，门口需设置消毒池。

2. 管理区　因与外界联系频繁，宜安排在兔场一角。管理区应与生产区有栏墙分隔，外来人员及车辆只能在管理区活动，不准进入生产区，以利于防疫卫生工作。

3. 生活区　包括职工宿舍和附属设施等，严禁与兔舍混建，但离生产区不宜过远，以利于工作方便。一般生活区应布局在上风向，往下依次为管理区、生产区，粪便、尸体处理区及解剖室应设置在下风向。

4. 隔离区　一般良种兔场都应设有隔离兔舍，新购入的种兔以及病兔都要放进隔离舍饲养观察。隔离区应设在下风向，离健康兔舍较远。

5. 附属建筑　包括剪毛室、人工授精室、饲料贮藏及加工室等。根据兔场的饲养规模及经费、材料等条件，可以新建或利用旧房改建。

（三）建舍要求

1. 地面　要求坚实、平坦，易清扫消毒，干燥，不透水。目前，一般种兔舍多采用水泥地面。有些地区采用砖块地面，虽然造价较低，但缺点甚多，如易吸水、积粪尿，造成舍内湿度过大，消毒困难，故大型兔场不宜采用。

2. 墙体　要求坚固、耐火、抗冻、耐水，结构简单，具备良好的保温与隔热性能。一般以砖砌墙为最理想，保温性较好，还可防兽害。南方由于全年气温较高，可采用露天形式，防雨即可。

3. 门窗　应考虑有效采光面积和防寒保温。兔舍的采光系数应为 1∶6～10，透光角应大于 10°，入射角不低于 25°～30°，窗台以离地面 0.5～1 米为宜；门宽 1 米，高 2～2.2 米。

4. 舍顶　为兔舍的防护结构，用于防雨、防风、遮阳等。最常用的形式为双坡式，适于较大跨度的兔舍；钟楼式和半钟楼式舍顶有利于加强通风和采光，适于大跨度兔舍或温暖地区采用。材料可选用水泥制件、瓦片或用秸秆加抹草泥而成。

5. 沟渠　粪尿沟宜用水泥、砖石或瓷砖砌成，其表面要光滑，渗透少，宽度为 25～35 厘米（对尾式加倍），坡度为 0.6°～0.9° 或 1%～1.5%。若兔舍过长，出粪口可设置于兔舍中部或两端，以利于粪尿流畅和清扫。

6. 舍内采光　光线不足时应增加人工光照，繁殖母兔要达到 16 小时以上，光照强度 20～30 勒。

7. 厂区道路　根据卫生防疫要求，场区内的道路应分为运送饲料、产品的洁净通道和运送粪便、病兔、死兔的污物通道，二者不能交叉和混用，防止洁净通道被污物污染。

二、引　种

引种是生物安全体系的基本保障，目前各地的种兔供应商提供的种兔质量和服务参差不齐，在引种过程中要注意一定严格考察兔场所养兔的健康状况及生物安全措施，不要引进来历不明的种兔，千万不要到自由市场上引种。引种时注意以下几点：

（一）了解供种单位情况

其一，到经过有关部门的技术鉴定的种兔场引种。检查兔场有无国家核发的种畜禽生产经营许可证。一般来说，只有经过国家认证的兔场，才具备合法的出售种兔的资格，没有经过认证的兔场原则上是不能销售种兔的，其种兔质量也很难有保障。

其二，询问对方种兔来源。无论是从国内还是国外引种，均要详细询问种兔的来源及生产性能，确保能达到哪些标准，如：成年兔体重、生长速度、皮毛质量等，这些不能仅听对方说，还要亲自到兔场看，比如外貌体形是否一致，品种特性是否突出，兔群年龄梯度是否合理，兔群大小，管理制度，人员操作是否规范，有无专业的技术育种和兽医防疫人员等。如果幼兔很少，而成兔很多，则说明可能该兔场是倒卖种兔，或兔场疾病很多，小兔死亡率高，最好不要从这样的兔场引种。

其三，防范对方欺诈行为。不要从炒种者手里引兔种，防止不必要的损失。一般骗子有以下几个特点：①种兔来历不明；②质量参差不齐；③夸大效益；④重母轻公；⑤品种与宣传的差异大；⑥缺乏技术服务；⑦以高价收购为诱饵；⑧打着响亮的招牌；⑨缺乏相关证件。这些通过与其负责人谈话可充分了解，切记不要上当。

其四，了解对方有无消毒、防疫、保健记录。近期该场有无重大疾病及扑灭情况。如了解不清，最好不要贸然引种。这一点可通过参观兔场观察到：如果兔场卫生条件很差，无有效消毒措施，工作人员随意活动，用具乱放，多数产仔箱内没有小兔，或每窝很少低于5只，证明该场技术力量薄弱，成活率低，疫情也很严重。则千万不要从此外引种，否则后患无穷。

其五，了解引种后有无质量保证及技术服务，能否签订合同等。

掌握以上情况后方可引种，否则可能会引种失败，特别是要了解种兔场的防疫和疾病情况。不要从多个兔场引种，最好从一个兔场引种以降低引种风险。

（二）注意运输条件 良好的运输条件是保证引种成功的前提。如种兔引入前精神状态良好，无疾病表现，引入场内后却表现不佳，这有可能是运输环节出现问题，例如：着凉、过分拥挤、高温、噪声等。因此,引进种兔时应该注意运输问题,尽量创造舒适的小环境,夏季用空调车运输,降低运输密度,少鸣喇叭或不鸣,秋冬季也要注意保暖和通风,轻抓轻放,减少各种应激等。

(三)隔离饲养 引种后一定要隔离饲养一段时间,饲料要逐步过渡(7~10 天)到本场使用的饲料,饲养大约 1 个月,确定无疾病时,方可混群。

三、提高人员素质

饲养和技术人员的素质在整个家兔生产活动中起关键作用,员工是否负责,技术是否达标,执行是否到位,都是影响养兔成功的最为直接的因素。目前大多数养殖场的饲养人员都是附近的村民,专业素质较差,不但影响兔场生产效率,而且可能给兔场安全带来极大隐患。鉴于此,兔场应对员工进行技术培训,尽量选用负责的、有专业知识的人员,建立员工激励机制和良好的饲养管理规范,采取全封闭式饲养管理模式。

四、建立消毒制度

兔场疫病的发生主要是由于外界病原微生物的侵入、扩散或场内病原微生物扩散所造成的,当兔场本身成为病原繁衍的理想场所时,疫病的发生也就在所难免。因此,如何防止病原微生物的侵入、繁殖、扩散,降低其在环境中浓度,是保护兔群健康的关键。良好的消毒措施能有效控制病原微生物的生长、繁殖、传播。所以,兔场必须制定完善合理的消毒制度,为兔群健康生长提供良好的环境保证。

(一)兔舍及笼具消毒 包括兔舍地面、墙壁、顶棚和空气的消毒,以及兔笼、水槽和产仔箱的消毒。对于不同地点及用具的消毒,应采取不同的消毒方法。

1. 地面、墙壁和顶棚的消毒 为了确保消毒效果,在消毒前必须用清水将地面、墙壁等处的粪便、污物冲洗干净，否则，即便用再好的消毒药也达不到预期的目的。消毒方法：用2%火碱溶液进行喷洒，也可用0.1%戊二醛（如绿都百毒杀）等喷洒。对于空气和笼具也可用熏蒸法进行消毒，方法是：每立方米用高锰酸钾12.5克，福尔马林25毫升，加水12.5毫升混合，人员立即离场，关闭门窗24小时，然后打开门窗进行通风。

2.空笼的消毒　在兔出栏后，对空兔笼进行彻底的消毒后才能再投入使用。方法：将笼中粪便、尿垢等，彻底进行清洗并晾干，将挂在丝网上的兔毛用火焰喷灯焚烧掉，然后用2%火碱溶液喷洒。

3.水、料槽的消毒　俗话说："病从口入"。水、饲槽的卫生状况可以直接影响到兔的健康，有的由于设计不合理，兔经常向槽内排粪排尿，污染饮水及饲料。所以，对水、饲槽必须进行定期清洗、消毒。方法：将水、饲槽从笼中拆下，先清洗干净，之后用0.1%高锰酸钾水溶液（为了增强消毒效果，可将溶液加温到40～50℃）浸泡5～10分钟。

4.产仔箱的消毒　为了防止仔兔皮炎、疥癣以及球虫病等疾病的传播，在仔兔分窝后，必须对产仔箱进行消毒处理。方法：将箱内垫草等杂物清理干净，之后用2%火碱进行彻底喷洒，或用喷灯进行烧灼消毒。

（二）带兔消毒　清扫兔舍，保证舍内洁净无尘，以免降低消毒效果；给兔补充维生素和电解质，可以饮用0.1%维生素C。具体方法：首先将笼中接粪板上的粪便，以及笼上的兔毛、尘埃和杂物清理干净，然后用消毒药进行喷洒消毒。方法：用0.1%过氧乙酸或0.1%戊二醛（如绿都百毒杀）进行喷洒消毒，喷至笼中挂小水珠即可，在带兔喷洒消毒时，为了减少兔群的应激反应，不要对准兔体喷雾。要斜向上45°并与兔体保持80厘米以上的距离喷洒，消毒液水温也不要太低。

1. 消毒液的选择　应选择高效低毒、杀菌力强、刺激小的消毒剂，如百毒杀、二氯异氰尿酸钠、碘制剂等。

2. 消毒次数的确定　断奶前每隔 2 日消毒 1 次；断奶后每日消毒 1 次。兔群发生疫病时可采取紧急消毒措施。

3. 消毒器械的选择　消毒液的雾滴粒应控制在 50～80 微米，所以应选择质量好的喷雾器。背负式喷雾器省力，价格适中，中小型兔场选用较为实用。目前，有安装雾线设备的，可以控制雾滴大小，自动开启，使用非常方便，适合大规模养殖场使用。

4. 注意事项　①消毒液的配制要严格按产品说明书现用现配，不得久置不用。配制用水要清洁，夏季用凉水、冬季用温水，刺激性气味较大的消毒药，尽量减少使用或不使用。②喷雾量以兔体和兔笼表面见潮为好。门窗关闭后喷雾，结束后开窗通风换气，要保持舍内空气清新干燥。③选择几种消毒剂交替使用，以免长期使用一种而产生抗性。④发生疾病时的兔舍，每天消毒 2 次，连续 7 天。

(三)场地消毒　为防止饲养管理人员和外来车辆将病原带入场内，大门口应设置消毒池和消毒缓冲间，池内保证有效的药液浓度，进出人员经过消毒缓冲间、更换消毒鞋帽、车辆必须经过消毒池并喷淋消毒后方可入场。外来人员必须更换经消毒后的工作服、鞋、帽，并经过缓冲消毒间，才能从生活办公区进入生产区。生产区各栋兔舍周围、人行道 5～7 天大扫除及消毒 1 次。生产区门口、兔舍门口设立消毒池，每 2 天更换 1 次新的消毒液，以确保消毒效果。

(四)仓库消毒　贮存饲料的仓库是容易被忽略的角落。仓库的消毒对象主要包括仓库地面及墙壁、屋顶以及盛放饲料的袋子表面、运送工具等。注意防止其他动物进入饲料库污染饲料，如老鼠、野猫、鸟类等，及时清理其粪便，加强消毒管理，至少 1 个月全面消毒 1 次，工具 7 天消毒 1 次。

（五）医疗器械消毒　主要包括注射器、输精器械等的消毒，每次用时务必消毒，用注射器注射疫苗时注意更换无菌针头，做到一针一兔。

（六）粪便及污物处理　粪便及污物应通过污物通道运送，防止与洁净通道交叉污染。粪便应通过堆积发酵、或加入生石灰处理，最好建立沼气池或作生物肥料变废为宝。污物应进行无害化处理，死兔焚烧或深埋。

（七）人员消毒

1. 饲养人员　定期检查身体，发现患有人兽共患病的必须调离，防止人兔交叉感染。凡进入兔舍、饲料间的饲养人员，必须换鞋、更衣、脚踏消毒池后方可入内；不得随意串舍，以免人员流动造成疫病传播；洗手消毒后，才能开始工作；每天工作完毕后，应将工作服、鞋、帽留在更衣室内，洗净消毒备用。

2. 兽医人员　兽医进入或离开兔舍时应将手和鞋消毒，污染的衣服也要消毒处理，所用器械每次用完后煮沸消毒，或用1‰高锰酸钾消毒，最好用高压蒸汽灭菌消毒。

3. 参观人员　生产区应谢绝参观，如有特殊情况，参观人员应严格按程序更衣消毒后方可入内。

（八）运输工具　车辆要经过消毒池并用消毒药喷淋后方可入内。

五、环境调控

家兔相对于猪、牛、羊等大家畜来说，体型小，抗病力差；相对于杂食性动物猪、鸡、鸭、鹅来说，多了个较大的盲肠，消化和代谢率又较高，因此很容易患消化道疾病，因此，其对生活环境的要求远高于其他家畜、家禽。良好的生活环境是养兔成功的关键，要注意温度、湿度、通风、光照、绿化、噪声、有害气体等多种环境因素。对兔舍环境因素进行人为调控，创造适合家兔生长、繁殖的良好环境，是提高养兔经济效益的重要手段之一。

（一）温度 不同日龄、不同生理阶段的家兔对环境温度要求各异，如初生仔兔为30～32℃，1～4周龄兔为20～30℃，生长兔为15～25℃，成年兔为15～20℃。成年兔可耐受的最低、最高温分别为－5℃和30℃，若连续数天环境温度超过30℃，种兔就会出现“夏季不育”现象，即公兔精液品质下降，母兔难孕，胚胎早期死亡增加，持续高温还会引起家兔中暑甚至死亡。环境温度过高或过低，会使家兔通过机体物理和化学方法调节体温，消耗大量营养物质，从而降低生产性能，肉兔表现为生长速度下降，料肉比升高；毛兔表现为产毛量下降，料毛比加大。

修建兔舍前，应根据当地气候特点，选择开放、半开放或全封闭式室内笼养兔舍，同时注意兔舍的保温隔热。寒冷地区可采取安装暖气、生火炉、塑料大棚覆盖等方法提高舍温，也可通过红外线炉、保温伞、散热板等方法提高局部温度。适当提高饲养密度也可提高舍温。夏季温度过高时，可通过舍前种植树木、花卉，室内安装电风扇等排风设备，加强通风；让兔多饮冷水；每千克日粮中添加维生素C 200毫克，以减少热应激；毛兔应及时剪毛；舍内地面用井水喷洒；降低饲养密度；有条件的饲养场可采用空调调节环境温度。

（二）有害气体调控 兔舍中有害气体主要有氨、硫化氢、二氧化碳等，是由兔体排出以及舍内粪尿和被污染的垫草在一定温度下分解产生的。家兔对空气质量特别敏感，污浊的空气会显著增加兔群呼吸道疾病（如传染性鼻炎等）和眼病的发生率。据报道，空气中氨的含量达50毫克/米^{3}时，兔的呼吸频率降低，流泪，鼻塞；达100毫克/米^{3}时，会使兔眼泪、鼻涕和口涎显著增多。兔舍内有害气体允许浓度标准：氨小于30毫克/米^3，硫化氢小于10毫克/米^3，二氧化碳小于3500毫克/米^3。

舍内有害气体浓度的高低受饲养密度、温度、湿度、饲养管理制度等的影响。降低舍内饲养密度,降低温度,增加清粪次数,减少舍内水管、饮水器的泄漏,加强通风,降低湿度等,均能有效降低舍内有害气体浓度。关键措施是减少有害气体的生成和加强通风。通风可分自然通风与动力通风。自然通风是利用门、窗(天窗)让空气自然流动,将舍内有害气体排到舍外,适用于跨度小、饲养密度和饲养量小的兔舍。动力通风适于跨度大、饲养密度大的兔舍。要注意进出风口位置、大小,防止形成“穿堂风”。进、出风口要安装网罩,防止鼠、蛇、蚊蝇等进入。适当减小挡粪板的倾斜度,让粪便留在粪板上,定时清理,防止粪便随时掉到粪槽内,引起发酵而产生有害气体。

(三)湿度调控 兔舍内空气相对湿度以60%~65%为宜,一般不应低于55%或高于70%。湿度往往伴随着温度的变化而对兔体产生影响,如高温高湿会影响家兔散热,易引起中暑;低温高湿又会增加散热,特别对仔、幼兔影响大。温度适宜而空气潮湿,利于细菌、寄生虫活动,会引起疥癣、球虫病、湿疹等;空气过于干燥,会使兔呼吸道黏膜干燥,引起细菌、病毒感染。

加强通风,降低舍内饲养密度,增加清粪次数,在排粪沟撒一些石灰、草木灰等吸附剂,均可降低舍内湿度。冬季舍内供暖可缓解高湿度的不良影响。

(四)光照调控 目前有关光照对家兔影响的研究较少。法国国家农业科学院的研究表明,兔舍内每天光照14~16小时,光照每平方米不低于4瓦,有利于繁殖母兔正常发情、妊娠和分娩。公兔需要光照时间稍短,一般需要12~14小时,如果持续光照超过16小时,将引起公兔睾丸重量减轻和精子数减少,影响配种能力。另据日本东京农业大学的研究,毛兔适宜的光照是每天照射15小时,每平方米日光灯5瓦。肥育兔以每天8小时为宜。兔舍光照控制包括光照时间长短和光照强度大小。普通兔舍多依靠门窗供光,一般不再补充光照,但全封闭的兔舍和兔笼间距较小的兔舍必须补充光照。生产中补充光照多采用白炽灯或日光灯，目前也有用节能灯的，效果同样不错，节能灯在养禽业已大量推广应用，没有出现负面的报道，节省了大量的成本。

(五)噪声 家兔胆小怕惊，突然的噪声可引起妊娠母兔流产；正在哺乳的母兔拒绝喂奶，甚至残食仔兔；个体乱窜而受伤或撞伤其他兔；有时还可引起舍内兔子“炸群”等严重后果。

六、消灭传播媒介

场内应加强对老鼠、犬、猫、蚊虫的控制，防止它们作为疾病的传播媒介，传播疾病。老鼠不但是病原的携带者及传播媒介，传播伤寒、大肠杆菌等细菌病，而且还是断乳前仔兔的巨大威胁，可以杀死并且吃掉仔兔，因此一定予以坚决消灭。不少养殖场内养殖犬、猫，实际上这是错误的，其在场内的自由行动可能对兔群造成应激，还能传播一些传染病和寄生虫病。生产上有很多由于养殖犬、猫而导致养殖失败的例子。夏季养殖场内蚊蝇较多，不但影响家兔的正常休息，还会传播一些疾病。如何控制蚊虫是令养殖场很头痛的事。可在饲料中加入抗蚊蝇的药物，如绿都灭蛆灵等，可起到一定效果，另外，就是要勤打扫卫生，减少滋生蚊虫。

七、避免应激反应

所谓应激，是指机体对各种内、外界刺激因素所作出的适应性反应的过程。外界的刺激因素如天气变化、蚊虫叮咬、饲料变化、噪声、转群、运输、免疫及光照变化等。机体在适应这些变化时，体内激素分泌会出现诸多异常，从而导致机体抵抗力下降，容易发生疾病。在这种情况下，需要提前几天进行预防性投药，以提高机体的抵抗力。注意不要投喂抗菌药物，因为其有可能杀灭体内正常的微生物，导致微生物菌群失调，引发肠道疾病。正确做法是投喂维生素、矿物质、微生态制剂和酶制剂等。据报道，通过对应激采取综合性防治措施，包括加强管理、饲喂维生素，降低植物蛋白含量，适当增加动物蛋白用量(鱼粉、蚕蛹)，适当添加益生素，从断奶至出栏，仔幼兔的成活率可提高10%以上，经济效益显著。

八、疫苗免疫

合理的免疫程序是兔场防疫工作的重要内容，也是预防兔场传染病和寄生虫病发生的必要措施。制定免疫程序时，应着重考虑以下几点：

(一)母源抗体水平　是确定首免时间的主要依据。

在兔病临床上主要是兔瘟抗体的监测。一般采用血凝抑制试验，当兔瘟抗体平均HI≤1∶16时就可以免疫，首免日龄确定后，还要在10～14天进行二免。

无条件的兔场只能凭经验：一般兔瘟的首免时间大约在40日龄，波氏杆菌和大肠杆菌在20日龄左右。

(二)本场兔病史及周边疾病流行状况　当地流行的重大疫病应该是免疫的重中之重，特别是兔瘟、魏氏梭菌病、巴氏杆菌病的流行往往给养兔业造成重创，必须格外重视，为必须免疫的疾病种类。如果当地以前流行过其他病毒性疾病或细菌性疾病，必须将其纳入防疫体系，防止卷土重来。如果该场发生过波氏杆菌病、巴氏杆菌病、大肠杆菌病，其病原还会在环境中长期存在，必须格外重视，应重点免疫。

此外，应随时了解兔场周围疫情变化，随时做出调整。如果附近兔场有严重的疾病流行，要格外警惕，并对兔场进行紧急免疫，如魏氏梭菌病、兔瘟等。

(三)疫苗种类的选择　有的病原由于存在众多毒株，因此，在制定免疫程序时应该根据当地疾病流行情况而选用相对应毒株的疫苗 。例如，兔大肠杆菌病血清型非常多，不同的毒株之间免疫效果很差，所以，发生大肠杆菌病后，最好分离到本场毒株制备自家疫苗，这样会收到事半功倍的效果。

（四）疫苗之间的干扰情况 不同疫苗之间可能存在着互相干扰现象。由于兔用疫苗绝大部分都是灭活疫苗，干扰现象较少。但是不同疫苗所产生的抗体也不同，而机体识别抗原的能力有限，一次识别多种抗原，容易导致混淆，产生的抗体不够坚强，导致免疫失败。所以，不同疫苗之间一般应间隔 5～7 天以上才可以免疫。

（五）不同免疫方法对于机体免疫力的影响 不同的免疫方法对提高机体的免疫力有着不同的效果。由于兔用疫苗一般都是灭活疫苗，采用皮下或肌内注射，口服或滴鼻是无效的。

（六）抗体在体内的消长规律 疫苗免疫后，机体会在一定的时间内产生相应的抗体，并不断增高，达到高峰后再逐渐下降，到一定时间后降到保护范围以下，这个时候就需要重新进行免疫。所以应根据抗体的消长规律，来确定疫苗免疫的间隔时间。一般情况下，首免属于基础免疫，主要刺激机体产生识别和应答的能力，产生的抗体较少，维持时间较短，所以间隔时间也短，二免和再免产生的抗体维持时间逐渐延长；灭活苗产生抗体较多，维持时间较长，间隔时间可以延长。

影响抗体生成水平的原因有多方面：

应激、营养不足、亚健康，以及免疫抑制因素存在时，机体产生抗体较少，反之较多。

（七）不同类型疫苗的免疫机制 兔用疫苗为灭活疫苗，分为含佐剂疫苗和不含佐剂疫苗（即水苗或组织苗），含佐剂疫苗一般又分 2 种：氢氧化铝疫苗和蜂胶佐剂疫苗。含佐剂疫苗要优于不含佐剂疫苗，它能够刺激机体产生足够的循环抗体，且其抗体在身体的维持时间较长，可以抵抗病原在全身的扩散和影响。不论哪一种灭活苗，一般刺激机体产生足够抗体都需要一定时间，所以往往会出现较长的免疫空白期，此期如果有病原攻击就会发病，特别是首免受到母源抗体的影响时。所以研究开发弱毒活疫苗势在必行，只有活疫苗和灭活疫苗联合使用，才会产生很好的免疫保护。

（八）免疫群体的健康状况和免疫应答能力　免疫抑制病（兔球虫病、附红细胞体病、兔囊尾蚴病等）、药物的不合理使用、霉菌毒素的大量存在、应激、营养状况不好、疫苗的不合理使用均会造成免疫抑制，导致免疫失败。因此要尽量消除以上不利因素，确保免疫效果。

总之，一个合理的免疫程序必须是根据不同地域、不同兔群、不同饲养方式、不同环境条件、不同的种源来制定相应的免疫程序，没有哪个程序是一成不变、一劳永逸的，需要随时根据相应的具体情况加以调整，才能达到理想的效果。下面推荐2个免疫程序（表4-1，表4-2），以供参考。

表4-1　商品肉兔及商品獭兔免疫程序

日　龄	疫苗种类	免疫途径	免疫剂量
18	兔大肠杆菌病＋波氏杆菌病二联灭活疫苗	颈部皮下或肌注	0.5毫升
25	兔波氏杆菌病＋巴氏杆菌病二联灭活疫苗	颈部皮下或肌注	1.0毫升
	长效兔球净	颈部皮下	0.2毫升
35	兔产气荚膜梭菌病灭活疫苗	颈部皮下或肌注	2.0毫升
42	兔瘟＋巴氏杆菌病＋产气荚膜梭菌病三联灭活疫苗	颈部皮下或肌注	1毫升/只
50	兔瘟灭活疫苗	颈部皮下或肌注	2毫升/只

表 4-2　母兔及产毛兔免疫程序

日　龄	疫苗种类	免疫途径	免疫剂量
18	兔大肠杆菌病＋波氏杆菌病二联灭活疫苗	颈部皮下或肌注	0.5毫升
25	兔波氏杆菌病＋巴氏杆菌病二联灭活疫苗	颈部皮下或肌注	1.0毫升
	长效兔球净	颈部皮下	0.2毫升
35	兔产气荚膜梭菌病灭活疫苗	颈部皮下或肌注	2.0毫升
42	兔瘟＋巴氏杆菌病＋产气荚膜梭菌病三联灭活疫苗	颈部皮下或肌注	1毫升/只
50	兔瘟灭活疫苗	颈部皮下或肌注	2毫升/只
母兔配种前2周	兔巴氏杆菌病＋波氏杆菌病灭活疫苗	颈部皮下或肌注	2毫升/只，以后隔4个月免疫1次

注：种兔每隔4个月免疫1次兔瘟、魏氏梭菌病、巴氏杆菌病，按本场疾病流行情况免疫兔葡萄球菌病

需要强调的是，无论在任何时间，何种情况都不能够忽略兔瘟的免疫，即使兔群健康状况不好也要按时注射疫苗，以免暴发兔瘟，令兔场遭受毁灭性的打击。

九、药物预防

要坚持用药物预防球虫病。常用的药物有球虫宁、克球粉、敌菌净、地克珠利、氯苯胍等，注意交替用药，在饲料中加一些切碎的车前草、蒲公英、葱、大蒜饲喂，可预防家兔易发肠道传染病和球虫病。目前对于球虫的预防可用长效制剂，注射一次可在2个月内有效，例如绿都兔球净等。在正常的饲喂过程中尽量减少抗生素的应用，在兔群有应激反应时，应加入维生素、矿物质及微生态制剂或酶制剂，增强机体的抵抗力，帮助其渡过应激期。

十、疫情处理

无论如何小心谨慎，兔场发生疫情为“零”的情况都不可能出现，也就是说，发病是在所难免的，而处理是否得当，是直接影响养殖是否成功的关键因素。发生疫情时依据传染病流行的三个环节，按照“早、快、严、小”的原则，迅速行动，即：对疫情早发现，快速采取行动，严格执行封锁措施，尽可能小地划定疫点、疫区和隔离带。一般采取以下措施：

（一）正确诊断和报告疫情　及时正确的防治来源于准确的诊断。确诊是否为传染病，确定传染源，尽可小的划定传染源疫点，淘汰或无害化处理发病兔。确定为烈性传染病如兔瘟时，要及时报告上级主管部门，并对邻近场发出预警。

（二）切断传播途径　主要是隔离和封锁。淘汰病兔，隔离疫点内所有兔子并对其采取防控措施，对兔舍内外进行彻底消毒，并封锁该舍人员和物品随意进出，避免疫情扩散到其他舍，对整个场区也采取封锁措施，防止疫情传播给其他兔场。等疫情稳定后解除警报。

（三）紧急免疫和治疗

1. 紧急免疫　对易感兔群，如有相应疫苗供选用，抓紧全群加大剂量注射疫苗，进行紧急免疫，要做到一针一兔，有临床症状的兔子尽快淘汰。

2. 治疗　主要治疗没有临床症状的假定健康兔，治疗时以肌注为主，口服为辅，尽量减少抗生素的口服使用，以免引发肠道疾病。发病兔无治疗价值，病、死兔进行无害化处理。对细菌类肠道疾病，应及时发现并淘汰病兔，然后对邻近兔笼的兔肌注敏感抗生素，或对整群投喂敏感抗生素4～5天，以增强兔群免疫力，调节胃肠道消化功能为原则，切不可小剂量长期应用抗生素，以免使胃肠道功能严重紊乱，适得其反。对细菌类呼吸道疾病，应做到早发现、早隔离、早治疗，引发呼吸道疾病的病原主要有波氏杆菌、巴氏杆菌和兔肺炎链球菌等病原菌，这些呼吸道疾病对种兔造成的损失较小，主要威胁仔兔，可引发大批死亡。治疗主要是投喂肠道易吸收的药物，如氟喹诺酮类药物、大环内酯类药物等。

发生兔瘟后，目前没有确实有效的措施，尽快加倍大剂量注射兔瘟疫苗，不要投喂抗生素，尽量减少应激反应，以增加机体抵抗力为主，使其尽快产生抗体。在发病后一定要加强场内舍内的消毒，禁止外来人员、车辆出入，对病死兔要及时做深埋或焚烧处理，以免疫情扩散。

总之，如果兔场发病时的处理不及时，方法不合理，不仅会造成一时的损失，而且可能导致本场以后疾病层出不穷，各种各样的疾病蜂拥而至，到最后可能一批兔子也养不活！使兔场遭受毁灭性打击。

兔场的生物安全体系是围绕预防传染源进入兔场和控制疫病在兔场内传播展开的，更为强调控制病原的感染和传播，有效控制传播途径，减少和去除致病因子。由于生物安全是一个系统工程，综合了兽医微生物学、环境学、建筑学、设备工艺学、生态和微生态学、营养学等多门学科，涉及整个生产过程的每一个环节，忽视任何一个环节都可能造成整个系统的失败。因此，在实际操作过程中，管理者应充分分析现有生产条件，根据本场的实际建立一个可行的生物安全计划，并且在运行过程中严格执行，才能确保兔场的安全。

第五章　规模化兔场流行病防控

第一节　病毒性疾病

一、兔病毒性出血症(兔瘟)

兔病毒性出血症又称兔瘟，是由兔出血症病毒引起家兔的一种急性、高度接触性传染病，以呼吸系统出血、实质器官水肿、淤血和出血性变化为特征。该病于1984年春天在我国江苏等地首次暴发并被分离到病毒，随即蔓延到全国多数地区。多年来，该病一直是我国家兔最为主要的传染病。

【病　原】 兔病毒性出血症病毒为单股DNA病毒，无囊膜。国际病毒分类委员会(ICTV)2000年最新的报告中将其列入新成立的杯状病毒科、兔病毒属。

1. 特性　该病毒能凝集人类的O型红细胞，也能凝集绵羊、鸡、鹅的红细胞，但凝集能力较弱，而不能凝集马、牛、犬、猪、鸭、兔、大鼠、豚鼠和仓鼠的红细胞。其与人的O型红细胞凝集作用较为稳定，在一定范围内不受温度、有机溶剂和无机离子的影响，但可以被本病毒抗血清特异性抑制，利用此特性可测定其病毒效价并用于鉴别诊断。红细胞凝集试验在pH值4.5～7.8范围内稳定，最适pH值为6.0～7.2；如pH值低于4.4，则会导致溶血；pH值高于8.5，吸附在红细胞上的病毒将被释放，无法形成有效凝集现象。

2. 抵抗力　该病毒对各种理化因素抵抗力较强，对乙醚、氯仿有抵抗力，能耐受50℃ 1小时的处理。在家兔血液中4℃

9 个月,或在感染脏器组织中 20℃ 3 个月仍保持活性,肝脏含毒组织 −8～−20℃ 500 天和室内污染环境下经 135 天仍然具有致病性。经试验,该病毒真空冻干毒种 −70℃条件下保存 10 年甚至更长的时间,仍具有致病性。10%漂白粉作用 2～3小时,20%的甲醛溶液作用 2.5 小时,1%氢氧化钠溶液作用 3.5 小时可杀灭病毒。

3. 抗原性　本病毒抗原性良好,采集本病毒致死兔的肝脏、心脏、脾脏、肾脏、血液、肺脏、脑制成的灭活疫苗有很好的免疫效果,免疫期可达 10 个月以上。现有研究结果表明,世界范围内的所有病毒分离株均为同一血清型,借助于现有的实验手段尚不能将采自不同地区的分离株有效区分。

4. 致病机制　家兔感染兔病毒性出血症病毒后,首先出现血液的凝固性降低,造成全身多个脏器严重出血而发生缺氧和广泛性坏死,最终导致各器官急性功能衰竭而死亡。

【流行病学】

1. 流行特点　该病具有传染性强、发病率高、死亡率高的特点。生产中只发生于家兔和野兔,各种兔均可感染发病,毛用兔易感性高于皮用兔,引进的纯种兔和杂交兔易感性高于本地兔。本病传播迅速、流行期短,新疫区常呈暴发性流行,成年兔发病率和病死率可达 90%以上。在一般疫区,由于疫苗免疫的作用,发病率较低,多为散发性病例,发病率和死亡率多在 50%以下。

2. 传播途径　主要传播途径是消化道、呼吸道、生殖道和损伤的皮肤,各种注射、滴鼻和口服等途径人工接种均能感染,导致本病发生。病兔和带毒兔为本病的传染源。病毒在病兔所有的组织器官、体液、分泌物和排泄物中存在,以肝脏、脾脏、肺脏及血液中含毒量最高,主要通过粪尿、鼻液、泪液、皮肤和生殖道分泌物向外排毒。试验表明:病兔在恢复后 3～4 周仍然能够向外排毒。健康兔接触病兔或其分泌物后能够感染发病,甚至通过被污染的饲料、饮水、灰尘、用具、兔毛及人员、车辆等均可导致发病。病毒可在冷冻的兔肉和脏器组织内长期存活，因此国际国内贸易等可导致长距离的传播。此外，从疫区引种也会引起本病的传播。

3.发病年龄　该病多感染2月龄甚至3月龄以上的青年兔和成年兔。但从近年的生产实践来看，该病的流行病学特点呈现新的趋势：①发病日龄提前，临床中发现有40日龄左右的仔兔感染兔瘟死亡的病例出现；②非典型兔瘟病例增多。

4.高发季节　本病发生无明显的季节性，一年四季均可发生。

5.病因　①管理不当，不按照免疫程序接种疫苗，存有侥幸心理，一批或多批仔兔不免疫。②多种病原混感，或亚临床感染，致使疫苗免疫产生的免疫力不够坚强，出现典型性兔瘟或非典型兔瘟。③由于问题疫苗或免疫失败等原因，非典型兔瘟病例增多。④过于注重饲料营养，仔兔生长过快导致免疫系统发育不良。

【临床症状】　主要特征是潜伏期短、发病迅速、发病率和死亡率高，可引起兔群大批发病、死亡。病兔主要表现体温升高，呼吸急促，死前发出尖叫声，口鼻流血，发病潜伏期一般为48小时左右，病程从数小时到36小时，一般为6～12小时。发病期间有一段高温期，体温比正常升高1～2℃，达41℃以上。当患兔体温升高时，白细胞数和淋巴细胞数量明显下降。

本病根据临床症状特征可分为最急性型、急性型和慢性型。

1.最急性型　多发生于流行初期，突然死亡，死前无明显临诊症状。在30～48小时体温升高至41℃以上，当体温升高后6～8小时死亡。死后四肢僵直，头颈后仰，少数鼻孔流血，肛门松弛，肛门周围被毛有少量淡黄色黏液沾污，粪球外附有淡黄色胶样物。

2.急性型　病兔食欲减退，精神委顿，皮毛逐渐失去光泽，体温升高到41℃以上，饮欲增加，迅速消瘦，病程一般12～48小时。临死前表现短时间的突然兴奋，在笼内挣扎、狂奔，啃咬笼架，然后两前肢伏地，两后肢支起，全身颤抖，侧卧，四肢不断做游泳样运动，头颈扭向一侧，最后抽搐而死。有些病例突然惨叫几声立即死亡。多数病例鼻部和口部皮肤碰伤，10%左右的患兔鼻孔流出泡沫状的鲜红血液。肛门和粪球有淡黄色黏胶样物附着。妊娠母兔阴门流血水或发生流产。

3.慢性型　多发于3月龄以内的幼兔。潜伏期和病程均较长，发病时体温升高至41℃左右，精神委顿，食欲大减，或有1～2天绝食。饮欲明显，被毛杂乱无光，短时间内严重消瘦。少数患兔可以耐过而逐渐康复。

【病理变化】　病死兔呈角弓反张，鼻孔流出鲜红色分泌物。鼻腔、气管黏膜有小点状或弥漫性出血。气管内有鲜红色泡沫状液体。胸腺呈胶样水肿，并有少数针尖大至粟粒大的出血点。肺严重淤血、水肿，密布着粟粒大至黄豆大的新鲜出血斑。心包水肿，心外膜和心内膜乳头肌周围有小点状出血。肝淤血、肿大，质脆，色暗红或红黄，可见出血点或出血斑，切面粗糙，流出多量凝固不良的暗红色血液。胆囊增大，充满暗绿色浓稠胆汁，黏膜脱落。脾淤血、出血、肿大，质脆色深，呈黑紫色，切面脾小体结构模糊。肾肿大、淤血，色暗红、紫红或紫黑，质脆，切口外翻，切面多汁，并见大小不等的出血点。胃膨大，充满大量食物，黏膜脱落，十二指肠和空肠黏膜充血，有小点状出血，肠内有胶样黏液。肠系膜淋巴结胶样水肿，切面有出血点。膀胱积尿，内充满黄褐色尿液，有些病例尿中混有絮状蛋白质凝块，黏膜增厚，有皱褶。硬脑膜充血，有的病例有点状出血。

【诊　断】根据流行病学特点、典型的临床症状和病理变化(角弓反张、鼻孔流血及多个实质性器官出血)，一般可以作出初步诊断，进一步确诊，需实验室诊断。

送检病料：病死兔的肝脏、脾脏、肺脏、肾脏等实质器官。

【鉴别诊断】

1. 兔巴氏杆菌病　无明显年龄界限，多呈散发，急性病兔无神经症状，肝不显著肿大，但表面上有散在灰白色坏死灶，脾肿大不显著，肾不肿大。病型复杂，可表现为败血症、鼻炎、肺炎、中耳炎等，可从病料中分离出美蓝染色两极浓染的巴氏杆菌。用抗生素和磺胺类药物治疗有效。

2. 兔魏氏梭菌病　以急性腹泻和盲肠浆膜有鲜红色出血斑为特征，肝脏表面涂片、革兰氏染色、镜检可观察到阳性、粗大杆菌，即魏氏梭菌，肝病料做血凝试验呈阴性，而兔瘟无腹泻症状。

【防控措施】 做好卫生防疫工作，制定并实施严格的消毒措施，选用高效消毒药物；加强饲养管理，避免或减少应激。加强检疫与隔离，坚持自繁自养，对于新引进的兔需要隔离观察2周或以上的时间，无病时方可入群饲养。

用兔病毒性出血症组织（蜂胶）灭活苗对家兔进行免疫接种，35～40日龄进行第一次接种，剂量为1毫升；间隔7～10天第二次接种，接种剂量为2毫升。商品兔免疫2次即可。对于后备种兔，应在配种前再加强免疫1次，免疫期可达6个月，以后每隔3～4个月接种一次，接种剂量为2毫升。

发病后及时划定疫区，隔离病兔。病死兔一律深埋或销毁，污染场地用0.1%二氯异氰脲酸钠消毒处理，笼具以及器具使用碘制剂或含醛类的复合制剂（绿都金碘或0.1%的绿都百毒杀）进行消毒处理。

发病初期，对假定健康兔肌注高免血清，成年兔3毫升/千克体重，60日龄前的兔2毫升/千克体重。待病情稳定后，再注射兔瘟组织灭活苗。没有血清的应在最短时间紧急免疫。

疫区和受威胁区可用疫苗进行紧急接种，对假定健康兔使用兔瘟灭活疫苗4毫升进行紧急免疫接种，同时并在饲料中加入清瘟败毒散，连用5～7天，同时应用专用电解多维饮水；如无继发病情不要添加抗菌药，以免抑制兔瘟抗体产生及破坏肠道正常微生物菌群。

病兔无治疗价值，及时销毁处理。

二、兔轮状病毒病

本病是由兔轮状病毒引起的以严重腹泻为特征的仔兔的一种肠道传染病。

【病　原】 该病毒为呼肠孤病毒科、轮状病毒属。对外界环境的抵抗力较强，在粪中18～20℃经7个月仍有感染力。某些消毒药如碘酊、来苏儿、0.5%游离氯消毒效果不好；但巴氏灭菌法、70%酒精、3.7%甲醛、16.4%有效氯等均可杀灭病毒。

【流行病学】

1.传播途径　病兔和带毒兔是主要传染源，感染途径为消化道。家兔通过食入被污染的饲料、饮水或吸乳而感染发病。

2.发病年龄　各年龄的家兔均可感染，但主要发生于1～6周龄仔兔；尤以3～6周龄仔兔最易感，发病率、死亡率均高；青年兔和成年兔常呈隐性感染，不治而愈。

3.高发季节　本病一年四季均可发生，但多发生于冬、春两季。兔群一旦感染本病，以后将每年都发生，很难根除。

4.病因　恶劣的气候、饲养管理不良、卫生条件差是本病的主要诱发因素。

【临床症状】 潜伏期18～96小时。病兔体温升高，精神不振，主要症状是严重腹泻，排半流质或水样稀便，粪便呈棕色、灰白色或浅绿色，并含黏液或血液。肛门周围及后肢被毛被粪便污染。病兔迅速脱水消瘦，多于腹泻后2～4天死亡，死亡率可达40%。

【病理变化】 尸体消瘦。主要病变在小肠和结肠，引起细胞变性、坏死和肠黏膜脱落，小肠充血肿胀，肠黏膜有出血斑点；结肠淤血；盲肠扩张，内充满大量液体内容物。

【诊　断】 根据流行特点、临床表现、病理变化只能作出肠道传染病的判断，无法与其他肠道传染病相区分，确诊需分离鉴定病毒。

送检病料:肠道内容物。

【防控措施】 坚持自繁自养,加强对仔兔的饲养管理,搞好卫生及防寒保温。不从有本病流行历史的兔场引进种兔,必须引进时要严格隔离检疫,观察1个月,健康者方可混群。平时让家兔多晒太阳,兔笼、兔舍及用具要定期消毒,死兔或污物要深埋或焚烧。

发现家兔有本病症状时要立即隔离,加强护理,全面消毒。病死兔、排泄物、污染物一律深埋或焚烧处理。对病兔可用高免血清进行治疗,同时配合对症治疗,用收敛止泻剂及用抗生素以减少细菌继发感染,同时给病兔服用口服补液盐以补液、补充电解质,以纠正脱水和增加体重,可减少死亡。

可试制灭活苗以免疫母兔保护仔兔,补充电解质,增强抵抗力,其他无有效控制措施。

三、兔传染性水疱性口炎病

本病多发于春秋两季,是由传染性水疱性口炎病毒引起的一种兔的急性传染病。其特征为口腔黏膜发生水疱并伴有大量流涎,故又称流涎病。发病率约60%,死亡率可达50%。本病主要危害1～3月龄的幼兔,断奶后1～2周龄的仔兔最常发病。

【病 原】 本病毒属于弹状病毒科、水疱病病毒属。主要存在于病兔的水疱液、水疱皮及局部淋巴结内。在4℃时存活30天;－20℃时能长期存活;加热至60℃及在阳光下,很快失去毒力。

【流行病学】

1. 流行特点 本病只感染兔,其他动物均不感染。

2. 传播途径 病兔是主要的传染源,病毒存在于病兔的口腔黏膜及唾液中,主要通过消化道传播。

3. 发病年龄 主要侵害1～3月龄的幼兔,最常见于断奶后1～2周龄仔兔。

4. 高发季节　本病春秋两季多发。

5. 病因　饲养管理不当，饲喂霉变和有刺的饲料，口腔损伤等均可诱发本病。

【临床症状】　本病潜伏期5～7天。病初舌、唇和口腔黏膜潮红、充血，继而出现粟粒大至扁豆大的水疱和小脓疱，水疱和脓疱破溃，发生烂斑，形成大面积的溃疡面，同时有大量唾液沿口角流出。若继发感染坏死杆菌，则可引起患部黏膜坏死，并伴有恶臭。由于流涎，使得唇外周围、颌下、颈部、胸部和前爪的被毛湿成一片，局部皮肤常发生炎症和脱毛。病兔不能正常采食，继发消化不良，食欲减退或废绝，精神沉郁，并常发生腹泻，日渐消瘦，一般病后5～10天衰竭而死亡。死亡率常在50%以上。患兔大多数体温正常，仅少数病例体温升至41℃左右。

【病理变化】　口腔黏膜、舌、唇出现水疱、糜烂和溃疡；咽喉部聚集多量泡沫状液体；唾液腺肿大呈红色；胃肠黏膜常出现卡他性炎症。病尸十分消瘦。

【诊　断】　根据口腔炎症和流涎等特征症状，较易作出初步诊断，确诊需实验室诊断。本病没有兔痘那样的皮肤性丘疹、眼炎及内脏器官病变，两者易于区别。本病舌、唇和口腔黏膜有水疱、脓疱和溃疡面，这可与化学刺激剂、有毒植物、霉菌引起兔的口炎相区别。

送检病料：水疱及水疱液。

【防控措施】　加强饲养管理，不喂霉烂变质的饲料。笼壁平整，以防尖锐物损伤口腔黏膜。不引进病兔，春秋两季做好卫生防疫工作。目前尚无有效疫苗预防本病。

发病后要立即隔离病兔，兔舍、兔笼及用具等用20%火碱溶液、20%热草木灰水或0.5%过氧乙酸消毒。

局部治疗：可用消毒防腐药液（2%硼酸溶液、2%明矾溶液、0.1%高锰酸钾溶液、1%食盐水等）冲洗口腔，然后涂搽碘甘油。

药物治疗：磺胺二甲基嘧啶，0.1 克/千克体重口服，每日 1 次，连服数日，并用小苏打水作饮水。

中药治疗：可用青黛散涂搽或撒布于病兔口腔，1 日 2 次，连用 2～3 天。

对兔群可用磺胺二甲基嘧啶预防，0.1 克/千克体重口服，每日 1 次，连用 3～5 天，也可用其他抗菌药物，以控制继发感染，减少死亡率。

四、兔流行性腹胀病

兔流行性腹胀病临床多表现为腹胀，且具有传染性，又因其病因至今仍不清楚，故暂定此名。该病始见于 2004 年春，首先在山东省某兔场发生，后该省诸多兔场发生，继而在全国各地陆续流行，近年全国主要养兔区域如山东、四川、重庆、河南、河北、江苏、浙江、福建、安徽、黑龙江等相继发生。其曾被称为兔黏液性肠病，因病死兔结肠中多有大量胶冻样黏液，为与黏液性肠炎（兔大肠杆菌病）相区别，故称兔黏液性肠病。近年来，此病发生呈大幅上升的趋势，对养兔业造成严重经济损失。

【病　原】　目前仍未发现。

【流行病学】

1. 流行特点　该病在某个地区流行一段时间后会自行消失，暂时不再发生。不同品种均有易感性，毛兔、獭兔、肉兔均可发病。

2. 传播途径　尚不明晰。

3. 发病年龄　以断奶后至 4 月龄兔发病为主，特别是 2～3 月龄兔发病率高，成年兔很少发病，断奶前兔未见发病。

4. 高发季节　本病一年四季均可发病，秋后至翌年春季发病率较高。

5. 病因　目前尚不明晰，多于饲养管理不善有关。可能与饲料的粗纤维含量低有关。

【临床症状】 病初病兔减食，精神欠佳，腹胀，怕冷，扎堆，食欲渐减至废绝，但仍饮水。粪便起初变化不大，后粪便渐少，病后期以排黄色、白色胶冻样黏液为主，部分兔死前少量腹泻。腹部臌胀，摇动兔体，有响水声，腹部触诊，前期较软，后期较硬，部分兔腹内无硬块。发病期间体温不升高，死亡前体温下降至 37℃以下。病程 3～5 天，绝大部分死亡，极少能康复。发病率 50%～70%，死亡率 90%以上，一些兔场发病死亡率高达 100%。

【病理变化】 尸体脱水、消瘦。肺局部出血。胃臌胀，部分胃黏膜有溃疡，胃内容物稀薄。有的病例饲料在消化道内结块，胃、肠黏膜的大面积脱落，或是大面积溃疡，部分小肠出血、肠壁增厚、扩张。盲肠内充气，内容物较多，部分干硬成块状，如马粪，部分肠壁出血，部分肠壁水肿增厚。结肠至直肠，多数充满胶冻样黏液，剪开肠管，胶冻样物呈半透明状或带黄色。肝、脾、肾等无明显变化。

【诊　断】 根据胃臌胀，部分有溃疡，胃内容物稀薄，盲肠内容物变干，成硬块，结肠内有较多的胶冻样黏液，有时肺有出血。可初步作出诊断。

【防控措施】 本病一旦发生，治愈率很低，因此，加强饲养管理是预防的关键，平时不要突然更换饲料，如需更换应逐渐增减，尽量减少应激因素，如不要过早分笼、不要随便更换饲养人员等。

发病后首先要更换有品质保证的饲料。大群可内服植物油，10～15 毫升/次，不仅能疏通肠管，而且对泡沫性臌气有破坏泡沫的作用。饲料中可加入大蒜素和 1%木炭粉，以制止发酵及吸收有毒物质，同时注意加强饲养管理，防止应激，对兔群适当增加粗纤维，减少饲料投入。

避免贼风侵袭、仔兔胃肠着凉等，仔兔上笼补料时或断奶后，应在笼底板上铺设干净、卫生、柔软的垫草、木板或放置一个产箱(产箱内放垫草或小棉被等)，防止着凉，兔舍内应干燥温暖，保持阳光充足，通风良好等。

做好各种疫苗的免疫，合理使用抗球虫药物，特别是无休药期的球虫药如地克珠利等，严格控制休药期。

对于发病兔群应减少饲料投入，进行限饲，加大粗纤维饲料中比例。对于刚发病的兔，饲料中可适量加入促进胃肠道蠕动药物，如硫酸新斯的明等，促进粪便排出，减轻胃肠道负担。对于中等严重的采取人工按摩方法将粪便挤压出肛门，并用人用开塞露药物软化粪便，同时应用胃肠道蠕动药以帮助肌体恢复肠道蠕动机能；为了缓解心肺功能障碍，可肌内注射10%安钠咖注射液0.5毫升，并将兔放到安静运动场上活动，约50%的病兔可恢复肠道机能。病期较长的病兔淘汰处理。

第二节　细菌性疾病

一、兔巴氏杆菌病

兔巴氏杆菌病是由多杀性巴氏杆菌引起的一种急性、热性传染性疾病。急性型常以败血症和出血性炎症为主要特征，所以过去又叫“出血性败血症”；慢性型常表现为皮下结缔组织、关节及各脏器的化脓性病灶，并多与其他疾病混合感染或继发。

本病广泛分布于世界各地。病原菌正常存在于健康兔的口腔和咽部黏膜，当兔处于应激状态，机体抵抗力下降时，细菌大量繁殖并致病，发生内源性传染。在兔群之间可以相互传染，蜱和蚤是传播媒介。由于病原感染部位的不同，表现为败血症、传染性鼻炎、地方流行性肺炎、中耳炎、结膜炎、子宫积脓、睾丸炎和脓肿等病症。

【病　原】　多杀性巴氏杆菌属于巴氏杆菌属，菌体两端钝圆，呈球杆状或多杆状，大小为0.25～0.4微米×0.5～2.5微米，单个存在，或成双排列，无芽胞和鞭毛，有的存在荚膜。细菌涂片常用瑞士染色和美蓝染色，呈现典型的两极着色，即菌体两端染色深、中间浅。革兰氏染色阴性。

1. 特性　多杀性巴氏杆菌为需氧兼性厌氧菌，对营养要求严格，在添加血清或血液的培养基上生长良好。

2. 抵抗力　本菌对外界环境因素的抵抗力不强，一般消毒药如1%福尔马林、1%苯酚、1%漂白粉等溶液3～5分钟均可杀死。加热至75℃或56℃经45～60分钟死亡。在粪便中能生存1个月左右，在尸体内能生存3个月。对各种抗菌药敏感。

3. 抗原性　多杀性巴氏杆菌能产生抗体的抗原成分主要有荚膜和菌体，以此区分血清型，前者有6个型，后者分为16个型。1984年Garter提出本菌血清型的标准命名：以阿拉伯数字表示菌体抗原型，大写英文字母表示荚膜抗原型。我国分离的兔多杀性巴氏杆菌以7∶A为主，其次是5∶A。

【流行病学】

1. 流行特点　多杀性巴氏杆菌常存在于家兔的呼吸道黏膜中，而家兔不表现任何临床症状。当饲养管理不善、营养缺乏、气候剧变、潮湿、拥挤、长途运输或患寄生虫病时，造成兔体抵抗力降低，存在于家兔鼻、咽喉黏膜等处的病菌乘机大量增殖，引起感染。各个品种、年龄的家兔对巴氏杆菌病均有易感性。

2. 传播途径　病菌常常随着病兔唾液、鼻液、粪、尿等排出，污染饲料和饮水，致使其他健康兔发生感染。此外还可经吸血昆虫的叮咬和皮肤、黏膜的损伤发生感染。

3. 发病年龄　该菌是引起2～6月龄家兔死亡的主要原因。

4. 高发季节　该病一年四季均可发生，但以气候多变的春秋季节及多雨闷热气候多发。

5. 病因　多杀性巴氏杆菌在兔群中污染率很高，规模化兔场一般在50%～70%之间。主要传染源为病兔及隐性感染兔。盲目引种是造成该病发生的主要原因。引种时，若把隐性感染兔引入兔群，常使易感兔感染该菌，造成本病的暴发。

【临床症状】 本病的潜伏期常为几小时至5天，根据病程长短和临床症状的不同可分为以下几种：

1. 鼻炎型　此型比较常见，其病程可长达数月或更长，以浆液性、黏液性、黏液脓性鼻液为特征。病初从鼻孔流出浆液性鼻液，后转变为黏液性或黏液脓性鼻液。因分泌物刺激鼻黏膜，病兔常用前爪抓擦鼻部，使鼻孔周围的被毛潮湿、黏结甚至脱落，上唇和鼻孔周围皮肤发炎、红肿，黏液脓性鼻液在鼻孔周围结痂或堵塞鼻孔，使呼吸困难并发出鼾声。由于病兔抓擦鼻部可将病菌带到眼内、耳内或皮下，引起结膜炎、角膜炎、中耳炎、皮下脓肿、乳腺炎等并发症，最终衰竭而亡。

2. 地方流行性肺炎型　常表现为急性经过，自然发病时，很少见到肺炎的临床症状。通常头一天很健康的家兔，第二天就死于笼中。病初常见食欲不振、精神沉郁、体温较高，有时还出现腹泻、关节肿胀等症状，最终以败血症死亡告终。

3. 败血症型　多呈急性经过，常在1～3天发生死亡。病兔精神沉郁，食欲废绝，呼吸急促，体温升至40℃以上，流浆液性或脓性鼻液，从鼻腔内流出大量无色或红色泡沫。有时出现腹泻、全身震颤、四肢抽搐；有的病兔无明显症状而突然死亡。该型常与鼻炎型和肺炎型联合发生。

4. 中耳炎型　又称斜颈病。单纯的中耳炎常不表现临床症状，但当病变蔓延至内耳及脑部，病兔即出现斜颈症。严重的病例兔向头颈倾斜的一侧翻滚，直到抵到围栏为止；感染扩散到脑膜和脑组织，则出现运动失调和其他神经症状。

5. 结膜炎型　幼兔和成年兔均可发病，以幼兔发病率较高。病兔眼睑中度肿胀，结膜发红、有多量分泌物，常将眼睑粘连；转为慢性后，红肿消退，出现流泪经久不止。

6. 脓肿、子宫炎及睾丸炎型　脓肿可以发生在身体各处。皮下脓肿开始时，皮肤红肿、硬结，后来变为波动的脓肿。子宫发炎时，母体阴道有脓性分泌物。公兔睾丸炎可表现一侧或两侧睾丸肿大，触摸有时感到发热。

【病理变化】 各病型的病理变化不尽一致，但一般常见两种或两种以上联合发生。

1. 鼻炎型　鼻黏膜潮红、肿胀或增厚，有的发生糜烂，鼻腔和副鼻窦内有多量分泌物及脓汁。

2. 地方流行性肺炎型　通常呈急性纤维素性肺炎和胸膜炎变化。病变多发生于肺的尖叶、心叶、膈叶前下部，包括实变、膨胀不全、脓肿和出现灰白色小结节病灶。肺胸膜、心包膜覆盖有纤维素。若炎症严重，还可见包围脓肿的纤维组织、脓肿甚至整个肺叶出现空洞。

3. 败血症型　病程短者无明显症状，病程稍长的病兔鼻腔黏膜充血，鼻腔内有许多黏性、脓性分泌物，喉头、气管黏膜充血、出血、水肿，气管内有大量泡沫样液体。心内、外膜有出血斑点。肝肿大、淤血、并有许多坏死小点。肠黏膜充血、出血。脾和淋巴结肿大、出血。胸、腹腔有较多淡黄色液体，有的病例肺出现脓肿，胸腔、腹腔的肋膜和肺上常有乳白色纤维素附着。

4. 中耳炎型　初期鼓膜和鼓室内膜呈红色，病程稍长者，一侧或两侧鼓室腔内充满白色、奶油状渗出物。若中耳和内耳感染向脑部蔓延，这时可造成化脓性脑膜炎。

【诊　断】 根据流行病学、临床症状和病理变化，尤其是鼻炎型和中耳炎型症状明显，可作出初步诊断。其他各型症状不明显，常同时或相继发生，诊断较困难，确诊必须借助于实验室诊断。

送检病料：败血症型和肺炎型采集心脏、脾脏、肝脏，其他病主要从病变部位的脓汁、渗出物、分泌物中检查病原。同时，为了提高检查的全面性，采集的病料应尽可能齐全。对于刚死亡的病死兔，可以直接采集心血。

细菌学检查:取病料涂片革兰氏染色,镜检,为革兰氏阴性;用美蓝或瑞士染色,可见两端深染的球杆菌。该菌在麦康凯培养基上不生长,在鲜血琼脂上生成灰白色、湿润而黏稠的菌落。

【鉴别诊断】

1. 兔瘟　从发病情况看,兔瘟多暴发,成群发病,传播速度快,死亡率达 90%,甚至 100%,用抗菌药治疗无效;巴氏杆菌病多零星散发,用抗生素治疗及时有一定效果。从临床症状看,巴氏杆菌病兔,鼻腔有黏液性或者脓性分泌物流出,有些病兔出现腹泻;兔瘟没有这些症状,且部分兔在死亡的时候,口鼻处有淡红色液体(泡沫)溢出,肛门常会排出淡黄色胶冻状物。从剖检病变看,巴氏杆菌病兔,病程短者没有明显变化,病程稍长者鼻喉及气管黏膜有充血、出血,肺部除明显出血、充血水肿外,有的还有脓性病症,腹腔和肺部有明显乳白色纤维物附着;兔瘟气管严重出血、充血,但肺部没有脓性病灶和纤维样物覆盖,两者比较明显的区别是兔瘟病兔的脾脏淤血、肿大,其长、宽、厚度可增加 3～5 倍,并且伴有明显的胸腺出血。

2. 兔波氏杆菌病　兔巴氏杆菌病较波氏杆菌病发病急。波氏杆菌病剖检可见肺上多有脓疱。

【防控措施】　加强饲养管理,避免拥挤和受寒,剪毛时防止剪破皮肤。对兔舍及周围环境定期消毒。兔舍及兔笼、场地等可用 3%来苏儿溶液、20%石灰乳或 1%醛制剂消毒,用具用 2%烧碱溶液或 2%碘制剂洗刷消毒。

种兔场要定期检疫,坚决淘汰阳性兔。引种前,要切实了解种兔场有无巴氏杆菌病病史,避免引进隐性感染兔;引种后,不要急于合群饲养,要隔离饲养 1 个月,经观察确无问题后方可合群。

做好疫苗免疫。常用兔巴氏杆菌病(蜂胶)灭活疫苗或兔巴氏杆菌与波氏杆菌病二联灭活疫苗,18～25 日龄仔兔,皮下注射,0.5 毫升/只,10～14 天后加强免疫 1 次,1 毫升/只。种兔每年免疫3次,每次2毫升/只。

淘汰症状明显的病兔,重病兔坚决捕杀。流鼻液、咳嗽的病兔应及时隔离治疗,慢性病兔要淘汰。死兔深埋处理,防止病菌的散播。同时全场严格消毒。

对发病兔群或假定健康群紧急预防接种高免血清;如无高免血清,应用兔巴氏杆菌病(蜂胶)灭活疫苗大剂量紧急预防接种,增强兔体免疫力,一般小兔2毫升/只,大兔3～4毫升/只。

病兔治疗可选择以下药物:青霉素,肌内注射,2万单位/千克体重,每天3次,连续3～5天。庆大霉素,肌内注射,0.5万～1万单位/千克体重,每天2次,连续3～5天。为了加快疗效,可用青霉素2万单位/千克体重＋卡那霉素1万单位/千克体重,联合肌内注射,每天2次。急性型病兔如果是价值高的种兔,可用高免血清治疗,每千克体重皮下注射2～3毫升,8小时后再注射1次。慢性型病兔用青霉素或庆大霉素滴鼻,每毫升含2万单位,每次0.5毫升,每天3～5次,同时应用以上推荐的药物注射连用3～5天,在20天内未见有流鼻液的,可以认为已经痊愈。

病兔多时,可在饲料中加入磺胺喹噁啉,225克/吨,或阿莫西林,500克/吨,对急性和慢性病型均有效。最好肌内注射青霉素、链霉素、环丙沙星、氟苯尼考、头孢噻呋钠等,能起到迅速控制疫情的作用。10%磺胺间甲氧嘧啶钠注射液肌内注射,一般大兔每千克体重0.5毫升,小兔每只0.5毫升,连用3天即可控制疫情。

治疗同时加强饲养管理,增加饲料营养,以提高兔群的抵抗力。

二、兔波氏杆菌病

兔波氏杆菌病是由兔支气管败血波氏杆菌引起的家兔一种呼吸道传染病,以鼻炎、支气管肺炎和脓疱性肺炎为特征。早在20世纪初人们就发现支气管败血波氏杆菌可以导致呼吸道系统的疾病，本菌专性寄生于人或哺乳动物，定植在呼吸道上皮细胞的纤毛上，并致呼吸道疾病。支气管败血性波氏杆菌和百日咳波氏杆菌、副百日咳波氏杆菌具有紧密的相关性。

【病　原】　支气管败血波氏杆菌为球杆菌，偶尔有呈长杆状或丝状者，有鞭毛，能运动。大小为0.5～1.0微米×1.5～4微米，革兰氏染色阴性，呈两极着色。

1. 特性　在各种培养基上均易生长，最适生长温度为35～37℃。在普通培养基上，形成圆形、隆起光滑闪光的小菌落；在鲍-姜氏培养基上常见光滑、凸起、湿润、半透明、珍珠状菌落；在麦康凯培养上很容易发生菌相变异。

2. 抵抗力　本菌抗病力不强，常用消毒药物均能将其杀死。

3. 抗原性　本菌具有O、K和H抗原。O抗原耐热，为特异性抗原。K抗原由荚膜抗原和菌毛抗原组成，不耐热。主要毒力因子是皮肤坏死毒素、丝状血凝素和脂多糖内毒素，但不产生百日咳毒素。

【流行病学】

1. 流行特点　兔支气管败血波氏杆菌为条件性致病菌。长途运输、气候突变、感冒等应激条件下，该病易发生。可以单独或与其他病原菌协同致病，容易继发感染多杀性巴氏杆菌等细菌病。

2. 传播途径　病兔和带毒兔是本病的主要传染源，主要经空气和飞沫通过呼吸道把病原菌传给健康兔。

3. 发病年龄　任何年龄的兔均能感染，但成年兔发病较少，2月龄以下幼兔发病率较高。

4. 高发季节　气温多变的春秋季节发病率较高。

5. 病因　本病大多由应激因素引起，如气候骤变、兔舍潮湿、空气污浊、营养不良、寄生虫病等应激因素引起兔体抵抗力下降，或者由于带有尘土的饲料和兔舍内刺激性气体刺激，引起上呼吸道黏膜感染发病。母兔有鼻炎时，可将病原菌传染给哺乳仔兔，从而引发仔兔发病死亡。

【临床症状】 成年兔在感染后多呈隐性经过。仔、幼兔感染后,3～7 天后出现临床症状,10 天左右形成支气管肺炎,感染后15～20 天病情恶化而死亡。耐过兔进入恢复期后症状随之减轻,但鼻腔、呼吸道在 2～5 个月内仍然能够检测到致病菌,成为病原传播者。根据临床症状,分为鼻炎型和支气管肺炎型两种类型。其中以鼻炎型较为常见,呈地方性流行;支气管肺炎型多呈散发。

1. 鼻炎型　病兔鼻黏膜充血,鼻腔流出浆液性或黏液脓性分泌物,一般不变为脓性;当诱因消除或经治疗后,病兔能够较快恢复正常。

2. 支气管肺炎型　常见于成年兔。典型症状为鼻炎长期不愈,时常打喷嚏。病兔有时鼻腔流出白色黏液脓性分泌物,发病后期呼吸困难,形成化脓性肺炎,呈犬坐姿势,食欲不振,消瘦而死。

此外,还有一种败血型,主要是由于病菌侵入血液引起败血症,若不及时治疗很快死亡。

【病理变化】

1. 鼻炎型　鼻腔黏膜充血,有大量浆液或黏液。

2. 支气管肺炎型　支气管黏膜充血,充满黏液,或含有泡沫黏液,也有些病例为稀脓液。肺有大小不一(大如鸡蛋、鸽蛋、乒乓球,小如芝麻)的脓疱。脓疱的数量不等,多者可占肺体积的 90%以上,脓疱内积满黏稠、乳油样的乳白色脓汁,肺有部分气肿和正常组织。有些病例在肝脏形成黄豆至蚕豆大的脓疱;肾脏、睾丸、心脏形成脓疱;胸腔形成许多大小不一的脓疱。

【诊　断】 由于该病临床症状与多杀性巴氏杆菌引起的慢性鼻炎有相似之处,因此,确诊该病,需要进行病原菌分离培养、鉴定与血清学诊断。

送检病料:鼻咽部和气管下段黏液,或用灭菌棉拭子取其分泌物。有病变器官可采用肺、肝脓疱的脓液,或其他器官的脓液和肺炎病变区。

细菌学检查：取脓疱的脓液或肺炎病灶直接涂片，待自然干燥后经火焰固定，做革兰氏染色或美蓝染色，镜检可观察到革兰氏阴性、散在或成对的多形态小杆菌；美蓝染色常呈多形态两极染色的小杆菌。

【鉴别诊断】

1. 兔葡萄球菌病　葡萄球菌病多为散发，且多表现为外表脓肿，通过染色镜检，可以明显区分。

2. 绿脓假单胞菌病　绿脓假单胞菌病感染病兔，其肺部脓肿脓汁呈淡绿色或褐色，与波氏杆菌病形成的脓肿有所区别。

【防控措施】 加强饲养管理，改善兔舍条件。兔波氏杆菌病主要经呼吸道感染，该病多发生在气候骤变的春秋及寒冷季节。经调查兔舍内饲养密度过大，舍内氨气浓度过高易诱发幼兔发病。特别要注意通风换气，注意防寒、防潮及保持合理的饲养密度。

建立无波氏杆菌病兔群。做好兔群的日常观察，及时发现并淘汰有鼻炎症状的病兔，以防波及全群。坚持自繁自养，避免从不安全的兔场引种。从外地引种时，应隔离观察 30 天以上，确认无病后再混群饲养。

做好日常卫生消毒。搞好兔舍、笼具、垫料等的消毒，及时清除舍内粪便、污物。日常消毒可使用二氯异氰脲酸钠、季铵盐类或 2% 的戊二醛溶液等交替使用。

加强疫苗预防。仔兔于 18～25 日龄用兔巴氏杆菌与波氏杆菌病二联灭活疫苗进行初免，皮下注射，0.5 毫升/只；10～14 天后加强免疫 1 次，1.0 毫升/只，免疫期在 6 个月以上。成兔每年免疫 3 次，每次皮下或肌内注射 2 毫升/只。

发病后，隔离所有病兔，并进行观察和治疗；对于病母兔，种兔场应予以淘汰。对全群适龄健康兔接种巴氏杆菌与波氏杆菌二联苗。

进行全群消毒，场地消毒与带兔消毒相结合，1天1～2次，可使用2%戊二醛溶液、20%草木灰溶液或季铵盐类消毒剂等。

全群应通过添加多维素等方式适当增加营养，提高体质和抗病能力。

病兔治疗常用的药物有庆大霉素、卡那霉素、氟苯尼考、头孢噻呋、环丙沙星及磺胺类药物等。氟苯尼考20毫克/千克体重，1次/天，连用3天；同时应用庆大霉素或硫酸丁胺卡那霉素注射液，滴鼻0.5毫升/只，一般3天痊愈。如发病较严重，数量较多时，全群治疗，肌内注射环丙沙星、头孢噻呋或氟苯尼考（孕兔禁用），1次/天，连用3～4天。条件许可的情况下，发病后可通过分离病原菌进行药物敏感性试验，选择敏感药物，有针对性地用药，防治效果更佳。

三、兔大肠杆菌病

兔大肠杆菌病又称黏液性肠炎，是由致病性大肠杆菌及其产生的毒素所引起的一种暴发性肠道性疾病。特征为水样腹泻或胶冻样粪便及严重脱水。以断奶后不久的幼兔多发，且病程长，反复发作，死亡率高。

【病　原】 大肠杆菌为革兰氏阴性，呈杆状，有鞭毛，能运动。该菌为肠道正常寄生菌，在一定条件下可大量繁殖，产生毒素并引起发病。引起仔兔发病的大肠杆菌血清型主要为0128、085、0119、020、010和026等。

1.特性　本菌为需氧或兼性厌氧，在普通培养基上生长良好，在15～45℃的范围内均可生长，菌落圆整、凸起、表面光滑、半透明或微透明。在麦康凯琼脂培养基上长出红色菌落。

2.抵抗力　本菌具有中等抵抗力，在潮湿、阴暗、温暖的环境中，生存期不超过1个月，在寒冷、干燥的环境中生存较久。在60℃，15分钟即被杀死，对常用消毒剂敏感。

3.抗原性 分为O抗原（菌体抗原）、K抗原（荚膜或被膜抗原）和H抗原（鞭毛抗原）3种。O抗原存在于细菌的细胞壁上，为蛋白质、多糖和磷脂复合物，耐热，目前，疫苗中的抗原成分大都指的是菌体抗原，也有少数做K抗原的。

【流行病学】

1.流行特点 大肠杆菌是兔肠道内的常在菌，一般不引起发病，当气候环境突变、饲养管理不当及患有某些传染病、寄生虫病引起仔兔抵抗力降低时而发病。该菌在病兔体内增强了毒力，排出体外可经消化道传播引起暴发流行，造成大批死亡。带菌动物是主要的传染源，通过排泄物或分泌物，将病原菌排出体外，污染饲料、饮水、垫草、场地、用具等而传播。另外，当机体抵抗力下降、肠道内菌群失调时，原来存在的菌群便迅速繁殖，毒力增强，于是产生内源性感染。

2.传播途径 主要经消化道传播。

3.发病年龄 本病各种年龄的兔均有发生，各种年龄和性别都有易感性，以仔兔最易感，主要发生在1～4月龄的幼兔，断奶前后的仔兔发病率和死亡率高。

4.高发季节 一年四季都会发生，冬春季节多发。

5.发病因素 本病的发生与饲料变化、天气突变等应激因素、母兔带毒密切相关，减少各种应激是预防本病的最有效措施之一，主要的应激因素是：断奶应激，饲喂制度改变（笼位、饲养人员、饲料等变化）；饲料配方突然改变或粗纤维含量不足；气候突变，受惊吓，受凉受潮，卫生不良，空气污浊；长期使用抗生素预防。

【临床症状】

1.败血型 比较少见，多见于流行初期。病兔突然发病并迅速死亡。

2.腹泻型 以腹泻、流涎为主。急性者一般1～2天内死亡，亚急性者，一般经7～8天死亡。前期病兔腹部明显肿胀，腹泻，不食，发热，耳尖凉，畏冷打战，精神沉郁，消瘦，磨牙，流涎，四肢发凉，被毛粗乱。病初粪便稀薄不成形，排鼠粪样的粪便，两头尖尖，成串，外包有透明胶冻样黏液，逐渐转为水样黄色粪便，肛门附近的被毛上黏附着黏液、黄棕色水样稀粪或白色泡沫。

3. 眼炎型　病初病兔眼睑肿胀，结膜红肿，继而患眼出现浆液性、脓性分泌物，分泌物流经处局部出现被毛脱落，皮肤溃破，表皮发红；病后期病兔患眼失明，精神沉郁，少食，最终死亡。

4. 肺炎型　病兔精神沉郁，食欲废绝，腹部膨胀，少活动。继而，病情加重，腹腔充气，排黄、稀、黏样粪便，但体温正常。多数病兔发病后 1～3 天死亡。

【病理变化】 病死兔腹部明显胀气。病变主要在消化道，以回肠和回盲部最严重。胃、十二指肠通常充满气体和染有胆汁的淡黄色黏液，空肠壁薄扩张而透明，充满半透明、胶冻样黏液。回肠内容物呈黏液胶冻样，结肠扩张，有透明黏稠黏液，呈果冻样。胆囊扩张、黏膜水肿。有些病例肝脏、心脏有局限性坏死灶。膀胱积尿。成年兔盲肠黏膜极度水肿。肺炎型的主要表现肺脏出血，呈大叶性肺炎症状，心肌出血，胃部膨大积液。

典型病变是卡他性和出血性肠炎，肠壁变薄，肠腔内含有带泡沫和脱落上皮的黏液，在黏膜上散在出血点。败血型可见肝、肾、心等实质器官发现变性、坏死、出血，肠系膜淋巴结出血、肿大，盲肠和结肠黏膜出血。

【诊　断】 根据病兔排白色泡沫或黄色稀便及肠内容物含大量胶冻样物质，可作出初步诊断，确诊需实验室分离鉴定病原。

送检病料：肠系膜淋巴组织、肺脏、肝脏。

细菌学检查：病料涂片，革兰氏染色油镜观察，发现视野内有中等大小的红色短杆菌，大小在 1～3 微米×0.4～0.7 微米，用麦康凯培养基 37℃培养 24 小时，长出红色菌落即可确诊。

【鉴别诊断】

1. 泰泽氏病　用肝坏死区组织或肠病变部黏膜涂片，经姬姆萨染色或PAS染色，在细胞质中发现毛样芽胞杆菌，则可确诊。

2. 兔病毒性出血症　病毒性出血症的病死兔小肠中液体为黄褐色，颜色较深。脾脏、肾脏颜色一般也较深，典型的呈蓝紫色。最急性大肠杆菌病死兔小肠中充满的液体为淡黄色；脾脏、肾脏颜色一般为正常，或稍微深一点。另外病毒性出血症的病死母兔的子宫体有出血点，可与最急性大肠杆菌病明显区别。

【防控措施】　疫苗免疫是控制兔群大肠杆菌病传播和流行的重要措施。繁殖母兔在初次配种前接种大肠杆菌苗+波氏杆菌疫苗，2毫升/只，以后每年免疫3～4次，既可防止母兔妊娠期接种疫苗引起流产，又可提高初生仔兔的免疫力。仔兔断乳前后是大肠杆菌病的高发期，可于18～20日龄接种1次大肠杆菌苗。大肠杆菌病传播严重的兔场，仔兔应在首免后的10～14天，再补免1次大肠杆菌苗，可大大减少发病。

加强母兔及仔兔管理。母兔在妊娠期和哺乳期，应加强饲养管理。保持圈舍清洁、干燥、通风，每周应消毒1～2次。兔饲料一般不宜随意更换，即使需要更换也应按计划逐步进行。多喂青绿多汁饲料，促使母兔分泌乳汁。分娩时用0.1%高锰酸钾或0.1%新洁尔灭将母兔外阴清洗干净。初生仔兔注意保暖，净化仔兔圈舍及环境卫生。为减少交叉传染，实行母仔分养。仔兔要及时吃到初乳，并按时哺乳。出现腹泻的仔兔，应及时隔离治疗。

减少抗生素的应用。对于仔兔建议平常尽量不要预防性投喂抗菌药物，否则很容易引发肠道问题。使用抗菌药物时尽量选择肌内注射，以减少对肠道微生态菌群的影响。由于大肠杆菌耐药性较强，最好通过药敏试验，来选择行之有效的抗菌药物。同时配合使用活性炭、多维素、小苏打、口服补液盐等辅助治疗。

及时隔离发病兔群，并对死兔进行深埋或是无害化处理。对于发病较少的兔场不提倡对病兔进行治疗，应尽快淘汰或无害化处理病兔，尽快对假定健康兔进行预防性治疗。

对隔离病兔群，可采取以下方案：①全群肌内注射恩诺沙星或环丙沙星，5毫克/千克体重，每天1次，连用3天；口服硫酸新霉素，10毫克/千克体重，2次/天，连服4～5天。②全群肌内注射头孢噻呋钠，5毫克/千克体重，每天1次，连用3天；口服痢菌净，3毫克/千克体重，2次/天，连用3～5天。③全群肌内注射氟苯尼考，20毫克/千克体重，每天1次，连用3天，妊娠兔禁用；口服庆大霉素5000单位/千克体重，2次/天，连用3～5天。

以上方案任选其一，可与以下中药方剂配合使用，方一：穿心莲叶6克，金银花6克，香附6克，水煎服(20只兔用量)，1天2次，连用7天。方二：丹参、银花、连翘各10克，加水1000毫升，煎至300毫升，口服，每天2次，每次3～5毫升，连用3～4天。同时饲料中加入1%木炭粉以吸收毒素，防止腹泻。使用抗菌药物后可用促菌生制剂(最好用兔专用微生态制剂)，每千克体重50毫克，日服1次，连服5～7天。也可取1只健康兔的盲肠内容物，加水2000毫升，给1000只兔饮用1次即可，以调整肠道菌群，尽快恢复正常。

大肠杆菌病经常与魏氏梭菌、球虫病混合感染、其处理措施为：与魏氏梭菌混感可在上述方案中加入甲硝唑10毫克/千克体重，2次/天，连用4天；与球虫混感时可加入磺胺类药物。

治疗同时加强消毒。对污染食具、饲料、饮水、兔笼和场地，选用2%火碱溶液和季铵盐类消毒剂进行全面消毒，用喷灯对金属笼具消毒。禁止随意丢弃病死兔，要无害化处理，对进出场人员要严格控制。

该病一旦发病很难控制，几乎每批兔都会发生，因此用自家兔场分离到的大肠杆菌制成灭活疫苗在发病前连续免疫2次，间隔10～14天，是最佳选择。

四、兔魏氏梭菌病

魏氏梭菌又称产气荚膜梭菌，一般可分为A、B、C、D、E、F六型。兔魏氏梭菌病主要由A型引起，少数为E型。其特征为患兔突然发病，表现为急性腹泻，粪便腥臭，呈水样。病兔多因外毒素中毒和脱水而快速死亡，死后病变主要在消化道，以肠毒血症为主要特征。本病一年四季均可发生，各年龄兔均可发病，幼兔和青年兔发病率和死亡率均较高。长毛兔发病率可达90%以上，而致死率最高可达100%，如不及时诊治，会造成大批死亡。本病对养兔业的危害极大，可造成巨大的经济损失。

【病　原】 魏氏梭菌在自然界分布极广，可见于土壤、污水、饲料、食物、粪便以及人畜肠道中，在一定条件下引起发病。革兰氏阳性，无鞭毛，不运动。菌体两端较平，有荚膜，产芽胞，一般为单个或成双存在。大小为1.5微米×4～8微米。魏氏梭菌一般可分为A、B、C、D、E、F六型。A型主要产生外毒素，此毒素具有坏死、溶血和致死作用，对小鼠、兔和其他动物均有毒性和致死性。

1. 特性　本菌为厌氧菌，但对厌氧条件要求不高，生长温度为10～50℃，最适温度37℃。在葡萄糖鲜血琼脂平皿培养基上形成圆形、隆起、光滑、淡灰色的菌落，直径为2～4毫米，多数菌落周围有双重溶血，内环透明为β溶血，外环较暗为α溶血。

2. 抵抗力　本菌繁殖体的抵抗力不强。常用的消毒剂都能杀死。但芽胞有较强的抵抗力，90℃经30分钟、100℃经5分钟才可杀死。经70℃处理30～60分钟，能破坏其毒素。

3. 抗原性　α毒素是产气荚膜梭菌中最重要的一种致病因子，同时它又具有磷脂酶C和鞘磷酶两种酶活性。在生产兔魏氏梭菌疫苗时，α毒素提高在免疫预防方面有着至关重要的作用。

【流行病学】

1. 流行特点　一年四季均可发生，但以夏、秋季高温季节发病最高。即使饲养管理水平较高的兔场，也会有本病发生，尤其饲喂含有高蛋白成分的动物性饲料，更易发病。此外，饲养管理不良、长期投喂抗菌药及各种应激因素可诱发本病的暴发。

2.传播途径　主要经消化道传播。

3.发病年龄　各种年龄、品种的家兔均易感，母兔也易感，死亡率较高，一般1～3月龄幼兔发病率最高，体质强壮、肥胖的兔发病率也较高，可能与其过量摄食有关。

4.高发季节　本病一年四季均可发生，以夏、秋两季最为常见。

5.病因　魏氏梭菌广泛存在于土壤、污水、粪便、低质饲料(如劣质鱼粉)及人畜肠道内。遇到卫生条件差，饲养管理不良，饲料突然改变、搭配不当、粗纤维不足时，家兔肠道内环境发生改变，肠道正常菌群被破坏，魏氏梭菌大量繁殖，并产生毒素，使兔中毒死亡。

【临床症状】　潜伏期短的为2～3天，长者为10天，常突然发生。病兔精神沉郁，拒绝采食，急剧腹泻，病初粪便呈水样，很快排带血或黑褐色水样粪便，有特殊的腥臭味，腹部臌胀，轻摇兔身可听到“咣当咣当”的水声，肛门周围、后肢及尾部被毛被灰黑色稀粪污染。病兔体温正常，严重脱水，多数于腹泻当天或次日死亡，有的前期无任何症状，突然排下大量黑色稀便后，精神沉郁，食欲废绝，很快死亡，少数病程可延至1周或更长。死亡兔可见肛门附近和后肢后节下端被毛染粪，病尸脱水，腹腔有特殊腥臭味。发病率可达90%以上，而致死率最高可达到100%。

【病理变化】　尸体脱水、消瘦，腹腔有腥臭气味，胃内积有食物和气体，胃底部黏膜脱落，有出血和大小不一的黑色溃疡。肠壁弥漫性充血或出血，小肠充满气体和红色或暗红色稀薄的内容物，肠壁薄而透明。肠系膜淋巴结充血、水肿，盲肠浆膜明显出血，盲肠与结肠内充满气体和黑绿色水样粪便，有腥臭气味。心外膜血管怒张，呈树枝状。肝与肾淤血、变性、质脆。膀胱多有茶色尿液甚至血尿。

【诊　断】 根据病死兔排黑色稀便、急性死亡及胃部溃疡等特征性症状和病变，可作出初步诊断。确诊需实验室诊断。

送检病料：空肠或回肠内容物、新鲜的肝脏。

细菌学检查：取病变组织涂片，革兰氏染色镜检，发现大量两端稍钝圆的革兰氏阳性粗大杆菌。

【鉴别诊断】 由于本病显著症状为急性下痢，濒死前水泻，出现水泻当日或次日即死亡，至少可拖至1周。病兔在死前出现下痢症状的有下列几种疾病：

1. 球虫病　病兔一般较瘦弱，表现营养不良和贫血症状，解剖后可见肠黏膜或肝实质内有淡黄色包囊，取包囊内容物作玻片压片镜检，可见球虫卵囊，也可取粪便作直接涂片或用饱和盐水漂浮法，均能在显微镜下见到球虫卵囊。

2. 巴氏杆菌病　急性巴氏杆菌病在濒死期有时会出现下痢，但病兔主要表现呼吸急促，鼻腔流出浆液性或脓性分泌物，体温升高到40℃以上。剖检可见鼻黏膜充血，鼻腔有多量红色泡沫，肺脏充血、出血，常呈水肿。肝脏有许多坏死小点。制作肺脏抹片分别作美蓝染色和革兰氏染色镜检，可见革兰氏阴性、美蓝染色两极浓染的小杆菌。

3. 沙门氏菌病　以败血症、急性死亡、下痢和流产为特征。剖检可见蚓突黏膜有弥漫性灰色粟粒大的小结节，肠淋巴结水肿，脾脏肿大、充血，肝脏有散在或弥漫性针尖大坏死病灶。母兔患有子宫炎，子宫肿大，在其黏膜上有一层淡黄色污秽物，未流产的胎儿发育不全或木乃伊化，可从血液及各脏器分离出沙门氏菌。

4. 秦泽氏病　以严重下痢、脱水而急性死亡，出现严重盲肠炎和灶性肝坏死为特征。在肝脏坏死灶周围的肝细胞细胞质内或盲肠黏膜下有大量毛发样芽胞杆菌。

5. 大肠杆菌病　主要是幼兔多发，病程较长。母兔呈隐性感染，排黄色黏液或白色泡沫稀便，小肠内有大量胶冻样物质，盲肠黏膜水肿。

【防控措施】 平时应加强兔群饲养管理，注意饲料合理搭配，多喂粗纤维含量高的饲料，适当减少高能量、高蛋白的饲料，以减轻家兔胃肠道的负担。更换饲料要逐步进行，防止突然变换饲料。有条件时可喂以营养成分较全面的颗粒料。饲料应清洁卫生，禁喂发霉变质的饲料，尤其是劣质鱼粉。加强兔舍管理，注意兔舍卫生，定期进行消毒，注意灭鼠灭蝇，保持兔舍适宜的温度和湿度，增强兔体抵抗力。兔场应自繁自养，严禁从病区、病场引进种兔，防止疫病传入，引种时注意隔离饲养1个月后，无病后再混群。此外，注意防冻保暖、增强光照和运动，也有利于减少本病的发生。

定期注射家兔产气荚膜梭菌灭活苗，每只颈部皮下注射2毫升，免疫期4～6个月。通常仔兔断奶后进行第一次注射，以后每年3次。近来发现仔兔断奶前1周进行首免，可明显提高断奶仔兔成活率。兔群发病后可作紧急预防注射，注射时剂量加倍，间隔7～15天后，以同样剂量再重复注射1次，能有效提高免疫力，保护力可达90%以上。

一旦发病，应迅速做好隔离和消毒工作，及时淘汰病兔群，立即把病兔、可疑兔和未发病的健康兔隔离观察、治疗，专人管理。对病兔舍和周围环境用2%氢氧化钠溶液彻底消毒，金属笼具用火焰喷灯逐一彻底消毒，水槽、饲槽等用0.1%新洁尔灭浸泡、刷洗。用1∶800二氯异氰脲酸钠粉剂进行带兔喷洒消毒1次。兔场一旦发生魏氏梭菌病，应立即停止出售或引进。病重家兔要坚决淘汰，兔毛、血水、废弃的内脏、污水等要集中深埋，肉尸要高温处理；死兔的尸体、粪便和垫草运到指定点，集中进行烧毁或深埋等无害化处理。

病兔治疗价值不大，建议淘汰处理，如需治疗可采取以下措施：①早期可注射抗A型产气荚膜梭菌病血清，每只皮下或肌内注射4毫升，腹腔注射5%葡萄糖盐水补液，以消除脱水症状。对用抗血清抢救脱险后的病兔，10天后仍应接种疫苗。②青霉素2万单位/千克体重肌注，每天3次，连用5天；同时口服甲硝唑10毫克/千克体重，每天2次，连用4天。

对于假定健康兔群，应采取以下措施：①紧急预防。全群注射A型产气荚膜梭菌疫苗，4毫升/只，同时肌注青霉素20万单位/只。连用3天。②药物控制。全群口服甲硝唑，10毫克/千克体重，每天2次，连用5天；同时应用磺胺类药物如磺胺氯丙嗪钠、磺胺喹噁啉钠等；饲料中加入1%木炭粉，吸收毒素。③调整微生态菌群。使用以上药物后，要用兔专用微生态制剂，调整肠道微生态菌群，并加入免疫增强剂和中药制剂，以促进机体尽快康复。

五、兔沙门氏菌病

兔沙门氏菌病主要发生于妊娠母兔，以败血症、急性死亡、腹泻和流产为特征。主要侵害妊娠母兔和幼兔，为人兽共患病。

【病　原】 病原菌为鼠伤寒沙门氏菌和肠炎沙门氏菌。

1.病原特性　本菌为需氧或兼性厌氧菌，在普通培养基上生长良好，在培养过程中易发生从光滑型到粗糙型的变异。适宜的生长温度为37℃，但在43℃也能生长良好。

2.抵抗力　沙门氏菌的抵抗力较强，在外界可存活数周或数月，在污染的水源和土壤中，至少存活4个月以上，对干燥、腐败、日光等诸多因素，均具有一定抵抗力。一般消毒药可将其杀死。但产生的毒素，尤其是肠炎沙门氏菌和猪霍乱沙门氏菌能形成耐热的毒素(75℃经1小时仍不能破坏)，毒素存在于细菌细胞壁的脂多糖中，人或动物食入后会发生食物中毒现象，随着菌株的菌落外形变异，可能失去菌体抗原或毒力。

3.抗原性　沙门氏菌具有复杂的抗原构造，一般分为菌体

(O)抗原、鞭毛(H)抗原和毒力(Vi)抗原。不同的O抗原用阿拉伯数字来命名,H抗原的存在或者只有一种形式(单相),对未知菌的抗原结构是用特异性抗血清通过凝集反应而测定的,所以把抗原结构又称为血清型。疫苗中所指的抗原是菌体抗原,即O抗原。

【流行病学】

1.流行特点　病兔和带菌兔是主要的传染源。妊娠兔常发生大批流产,或乳兔出生后10日龄左右发生大批死亡。该病是人兽共患病,可引发公共卫生事件,引起人类食物中毒。

2.传播途径　共2种,即通过消化道传播与内源性感染。

3.发病年龄　本病主要发生于断奶幼兔和妊娠25天以后的母兔,发病率高达57%,流产率为70%,死亡率为49%。

4.高发季节　本病一年四季都可以发生,但以1～4月份发病率最高。

5.病因　①健康兔食入被病兔或鼠类污染的饲料和饮水,而感染。②健康兔肠内寄生本菌,在饲养管理不当、气候突变、卫生条件差、患其他疾病,或受到其他应激因素时,机体抵抗力下降,病原趁机繁殖,毒力增强而发病。幼兔还可经子宫内或脐带感染。

【临床症状】　临床上常见的是急性型和慢性型。病兔精神沉郁,呼吸困难,腹泻,排出有泡沫的黏液性粪便。母兔从阴道内排出脓性或黏性液体,阴道黏膜潮红水肿。妊娠兔发生流产后多数死亡,少数康复兔,则不易再受孕。幼兔多表现急性腹泻,粪便带有黏液,体温升高,不吃食,饮欲增强,很快死亡。

【病理变化】　突然死亡的病兔呈败血症病变,多数病兔内脏器官充血和有出血斑,胸、腹腔有大量积液和纤维素性渗出物。病程较长的,可见气管黏膜充血、出血和有红色泡沫。肺水肿、实变,表面有针尖大小的坏死灶。脾充血、肿大。肾肿大。肠黏膜充血、出血,有弥漫性灰白色粟粒大的结节,肠系膜淋巴结充血水肿。妊娠或流产母兔出现化脓性子宫炎及溃疡症状。幼兔剖检可见内脏充血、出血，淋巴结肿大，肠壁有灰白色结节，肝脏有小坏死灶，脾肿大等。

【诊　断】 根据流行病学、临床症状和病理变化，综合分析后可作出初步诊断，确诊需进行病原分离与鉴定。

送检病料：①急性病例。未死亡者可以送检血液，死亡者可以送检肝脏、脾脏、淋巴结（尤其是肠系膜淋巴结）。肠炎和子宫炎症的病例可以送检阴道或子宫分泌物。②慢性病例或带菌者。可以送检粪便或其他器官分泌物。

【鉴别诊断】

1. 流产鉴别

(1)李氏杆菌病　李氏杆菌病除引起妊娠兔流产症状外，还常出现神经症状，尤其是慢性型的病兔常出现头颈歪斜，运动失调，而沙门氏菌病无神经症状。这两种病在肝脏均有相似坏死病灶，但李氏杆菌病患兔的胸腔、腹腔和心包有清亮积液，而沙门氏菌病无此种病理变化。

(2)真菌性流产　常因饲喂霉变饲料而致。流产常呈暴发性，各种妊娠日龄的母兔均可发生。患兔肝脏肿大、硬变，子宫黏膜充血。

2. 腹泻鉴别

(1)绿脓假单胞菌病　兔粪便稀、褐色。胃和小肠肠腔内充满血样内容物，肺上有点状出血点，肝脏无坏死病灶等，可与沙门氏菌病区别。

(2)兔泰泽氏病　尸体脱水消瘦，后肢染污大量粪便。盲肠充血、出血，肠壁水肿，黏膜坏死，粗糙或呈细颗粒状。回肠后段与结肠前段也可见上述病变。在较慢性病例，肠壁因严重坏死和纤维化而增厚，肠腔狭窄。肝脏有许多灰白色坏死点，心肌有灰白色条纹、斑点或片状坏死区。

【防控措施】 搞好饲养管理和环境卫生，消除各种应激因素，可减少本病的发生。兔场要进行定期检疫，淘汰感染兔。引进的种兔要进行隔离观察，淘汰感染兔、带菌兔，建立健康的兔群。对妊娠初期的母兔可注射鼠伤寒沙门氏菌灭活苗，每次颈部皮下或肌内注射1毫升，每年注射3次。

病兔不易存活，所以发病后不提倡治疗，如治疗可参考以下方案：①头孢噻呋钠，5毫克/千克体重，1次/天，连用4天，同时口服新霉素，50毫克/只，木炭粉5克/只，2次/天，连用4天。②氟苯尼考，肌内注射，30毫克/千克，1次/2天，连用2次，孕兔禁用；同时口服痢菌净，10毫克/千克体重，木炭粉，5克/只，2次/天，连用4天。③环丙沙星，10毫克/千克体重，肌内注射，1天1次；同时口服庆大霉素，10毫克/千克体重；木炭粉，5克/只，2次/天，连用4天。

假定健康兔可参考以下方案：①幼兔及空怀母兔。氟苯尼考，肌内注射，30毫克/千克，2天1次，连用2次，妊娠兔禁用；新霉素拌料150克/吨，连用4天。用药后可应用微生态制剂调节肠道菌群5～7天。②妊娠母兔。环丙沙星，5毫克/千克体重，妊娠24天肌注，1次/天，连用2次；或头孢噻呋钠，5毫克/千克体重，妊娠24天肌注，1次/天，连用2次，可预防妊娠兔细菌性流产。③饲料中可加入黄连5克，黄芩10克，马齿苋15克，水煎服（30只兔用量）；或取1份大蒜捣碎后，加5份水，调成汁，每只口服5毫升，每天2～3次，连用5天。也可用本法预防其他细菌性疾病感染。

六、兔肺炎球菌病

兔肺炎球菌病又名兔肺炎双球菌病，是由肺炎链球菌引起兔的一种呼吸道疾病。本病的临床特征为体温升高、咳嗽、流鼻液及突然死亡。该病不仅导致幼兔高发病率和死亡率，而且致使妊娠母兔流产,7日龄内仔兔死亡,给养兔业带来严重的经济损失。

【病　原】 病原菌为肺炎链球菌,革兰氏染色阳性,常成双排列,两个菌体细胞宽端平面相对,尖端朝外。呈短链状排列,链的长短因活体或体外培养而有不同。无鞭毛,无运动性,不形成芽胞。在活体内或初代次分离时有荚膜。兼性厌氧。

1.特性　本菌对生长要求较高,在普通琼脂培养基不生长,需在培养基中加入血清、血浆、腹水、葡萄糖等才能良好生长,在血液琼脂培养基上发育良好,37℃培养24小时,形成露滴样、圆形、凸起、灰白色菌落,培养时间延长,菌落呈扁平状。

2.抵抗力　本菌对外环境抵抗力不强,热和常用消毒药能很快将其杀死,56℃ 15～30分钟即被杀死。对一般消毒剂敏感,5%苯酚、0.1%升汞、0.1%高锰酸钾等很快能使之死亡。有荚膜株抗干燥力较强。对青霉素、头孢菌素类、红霉素、林可霉素等敏感。

3.抗原性

(1)荚膜多糖抗原　存在于肺炎链球菌荚膜中。根据其不同将肺炎球菌分为多个血清型,是疫苗中的主要抗原物质。

(2)C多糖　存在于肺炎链球菌细胞壁中,具有种特异性,为各型菌株所共有。

(3)M蛋白　具有型特异性,刺激机体产生的相应抗体无保护作用。

【流行病学】

1.流行特点　病兔、带菌兔及鼠类等是主要的传染源。常在妊娠兔和成年兔中散发,幼兔可呈地方性流行。

2.传播途径　主要经消化道和呼吸道传播。病原菌随分泌物和排泄物污染饲料、饮水、空气、笼具等,经健康家兔上呼吸道黏膜或扁桃体而感染,还可以经胎盘传播。

3.发病年龄　不同品种、年龄、性别的兔对本病均有易感性,但仔兔和妊娠兔发病严重。幼兔为地方性流行，成兔为散发。

4.高发季节　本病发生有明显的季节性，春秋两季多发。

5.病因　饲养管理不当、受凉感冒、天气变化、长途运输等导致机体抵抗力降低时，可诱发本病。

【临床症状】　母兔常呈现散发，突然死亡。潜伏期长短不一，一般较短(1～3天)，常出现感冒症状，表现精神沉郁、厌食、体温升高、咳嗽、流鼻液和突然死亡。食欲减退，精神沉郁，体温升高，呼吸困难，有浆液性鼻液，时有腹泻。有的病例不表现明显临床症状而急性死亡。妊娠兔流产，或产出弱仔，成活率低。母兔产仔率和受孕率下降。有的病兔发生中耳炎，出现恶心、滚转等神经症状。幼兔常呈败血症而突然死亡。

【病理变化】　本病的病变主要在呼吸道。气管黏膜充血，出血，气管内有粉红色黏液和纤维素性渗出物，肺部有大片出血斑或水肿、脓肿、实变。病死母兔可见肺部有许多脓肿和大片出血，或局部水肿，有纤维素性胸膜炎、脓胸、心包炎、心包和肺或胸膜之间发生粘连。肝肿大，脂肪变性，脾脏肿大，子宫和阴道黏膜出血。兔的两耳也可发生脓性耳炎。幼兔呈败血症病变，皮下组织呈出血性浆液性浸润，脾脏肿胀，出血性肠炎，肝脏和肾脏脂肪变性。

【诊　断】　根据流行病学、临床症状及病理变化可作出初变诊断，确诊需进行病原分离鉴定。

送检病料：脓液以及病死兔心血、肝脏、脾脏和肺脏。

细菌学检查：取病变组织涂片，进行革兰氏染色镜检，若发现革兰氏阳性的球菌，菌体呈矛状，即两个菌体细胞平面相对，尖端向外，短链状排列，无芽胞，可作出初步诊断。

【鉴别诊断】

1.支气管败血性波氏杆菌病　部分肝脏有脓肿，制作肝脏或肺脏脓肿抹片，革兰氏染色镜检，可见革兰氏阴性小杆菌。

2.巴氏杆菌病　成年兔也多发生，呈现流行，而肺炎球菌病多为散发。巴氏杆菌死亡兔肝脏常有许多坏死小点，肺炎球菌病肉眼病变局限于肺脏出血、脓肿等。制作肺脏抹片分别作美蓝染色和革兰氏染色镜检，可见革兰氏阴性、美蓝染色两极浓染的小杆菌。

3. 葡萄球菌病　以全身皮下、肌肉或内脏器官形成脓肿为特征，仔兔表现黄尿病。

4. 链球菌病　两者在症状、病理变化和细菌特性方面均很相似，因此鉴别诊断必须进行病原生理生化试验。

【防控措施】 加强饲养管理，寒冷季节注意兔舍保温与通风换气，控制舍内温度。经常观察母兔群，发现病兔马上隔离、治疗、淘汰，防止传染给仔兔引起大规模流行。

一旦发生本病，可用本场分离的肺炎链球菌制成灭活苗全面预防注射。树立全群治疗的观点，使用磺胺等药物全群预防性投药。同时彻底消毒。

病兔治疗：①用青霉素 2 万单位/千克体重，肌内注射，3 次/天，连用 4 天。②磺胺间甲氧嘧啶，50 毫克/千克体重，1 次/天，连用 3～5 天。严重的病例淘汰。

假定健康群预防性治疗：①头孢噻呋钠，5 毫克/千克体重，全群肌内注射，1 次/天，连用 3 天。②氧氟沙星，5 毫克/千克体重，全群饲料中投服，2 次/天，连用 4 天。

有条件的可通过药敏试验选择敏感药物应用，效果更好。最好分离病原制备自家灭活疫苗，给母兔、仔兔免疫注射有良好的预防效果，可有效控制该病的进一步流行。

七、兔葡萄球菌病

兔葡萄球菌病是由金黄色葡萄球菌引起的一种常见病，以致死性脓毒败血症和各种器官的化脓性炎症为特征。当发生菌血症时，可引起败血症，并可转移至内脏，引起脓毒血症；在幼兔称为脓毒败血症；在成年兔称为转移脓毒血症；在成年兔和大体型兔引起

“脚板疮”;在哺乳母兔引起乳房炎;在成年兔引起外生殖器炎症,在初生兔引起黄尿病。本病分布广泛,世界各地都有发生。

【病　原】 金黄色葡萄球菌属于葡萄球菌属中一种,为革兰氏阳性、无鞭毛、无芽胞、不形成荚膜的圆形或卵圆形球菌,呈葡萄样排列。在自然界中分布很广,如空气、水、土壤、各种物体以及人畜的皮肤和黏膜上,在肮脏潮湿的地方较多。

1. 特性　在普通培养基上生长良好,形成湿润、光滑、隆起的圆形菌落,直径1～2毫米,有时可达4～5毫米。菌落颜色因菌株有差异,初始灰白色,继而为金黄色、白色或柠檬色。在鲜血琼脂培养基上则产生明显透明的溶血环,在贝尔德-帕克琼脂培养基上呈黑色菌落。

2. 抵抗力　本菌对外界环境因素如高温、冷冻、干燥等的抵抗力较强。在60℃的湿热中,可耐受30～60分钟,煮沸则迅速死亡。3%～5%苯酚3～15分钟,70%酒精数分钟即可杀死本菌。

3. 抗原性　葡萄球菌细胞壁上的抗原结构比较复杂,含有多糖和蛋白质两类抗原。金黄色葡萄球菌的多糖抗原为A型。

【流行病学】

1. 流行特点　金黄色葡萄球菌能引起多种动物感染和发病。各种年龄、不同品种的兔均可感染。

2. 传播途径　该菌在自然界中分布很广,在土壤、空气、尘埃、水、饲料、粪便、污水及物体表面均有本菌存在。发病兔舍的地面、笼架(面)、空气、墙壁、水槽等处有大量本菌存在,动物的皮肤、黏膜、肠道、扁桃腺体和乳房等也有寄生。病兔和隐形带毒兔是主要传染源,其不断从脓汁、排泄物及分泌物中排出病原菌,污染周围环境。

家兔皮肤或黏膜表面破损常是葡萄球菌侵入的门户。对于家兔来说,皮肤创伤是主要的传染途径。也可以通过直接接触、呼吸道、消化道和空气传播。此外哺乳母兔的乳头是本菌进入机体的重要门户。

2. 发病年龄　各种年龄的兔均可感染，一般母兔发病常导致乳房炎，仔兔常发生脓毒败血症、仔兔黄尿病，其他可见于任何日龄的家兔。

3. 高发季节　该病发生无明显的季节性，一年四季均可发病。

4. 病因　金黄色葡萄球菌在自然界中分布很广，在正常情况下，一般不会致病。但当皮肤、黏膜有损伤时，即可乘机侵入机体，造成危害。

【临床症状】　根据病菌侵入的部位和扩散的情况不同，表现多种不同症状。幼兔多发生败血症，成兔多发生局部皮肤炎性脓肿。潜伏期2～5天。

1. 脓肿及脓毒败血症　局部皮肤炎脓肿可发生于成年兔的任何器官和部位。在头、颈背、腿等部位的皮肤下或肌肉，开始红肿、硬结之后变成波动的脓肿，大小不一。脓肿外有结缔组织包囊，触之柔软有弹性。患局部皮下脓肿的病兔，一般体况正常。内脏器官发生脓肿，则会因影响器官功能，出现不同的临床症状。皮下脓肿经1～2个月后能自行破溃，流出脓汁，破溃口经久不愈。脓液通过抓伤和血流扩散到其他部位，当脓肿向内破溃时，即发生全身性感染，呈现脓毒血症，病兔迅速死亡。个别败血症型病兔不显症状突然死亡。一般病兔体温升高，食欲废绝，精神沉郁。

2. 乳房炎　常见于母兔产后最初几天。多由于仔兔咬伤母兔乳头，致使葡萄球菌乘虚而入引起。急性病例，患兔体温升高，乳房肿大，呈紫红色，灼热和疼痛，乳汁中混有脓液和血液；慢性病例，乳房局部形成大小不一的硬块，最终形成脓肿。

3. 仔兔黄尿病　又称仔兔急性肠炎，是由于仔兔吸吮了患乳房炎母兔的乳汁后造成中毒的缘故，一般全窝性发病。仔兔肛门周围及后肢被毛潮湿、腥臭，排出黄色水便。患兔身软如泥，呈昏迷状态，2～3天死亡。

4.仔兔脓毒败血症　多发生在仔兔出生后2～3天，是由于仔兔皮肤受损伤，金黄色葡萄球菌侵入皮肤所致。在损伤处出现炎症，而后可见很小的脓疱，多数在2～5天因败血症死亡，个别病例可自行痊愈。

5.脚皮炎　皮炎多见于后肢的跖趾区跖侧面部位，前脚掌少见。病初表现为充血、轻微肿胀和脱毛。继后，形成经久不愈、时常出血的溃疡。病兔不愿走动，换脚休息，食欲下降、消瘦，有的病兔可转为全身感染，导致败血症而死亡。

6.鼻炎　病兔打喷嚏，流浆液性或黏脓性鼻液，时间一长，在鼻孔周围形成结痂。严重的发生呼吸困难，并导致肺脓肿、肺炎和浆膜炎。病兔常用前爪抓鼻，在母兔中散发。

7.外生殖器炎症　各种日龄兔均有发生，仔兔和母兔发病率较高。母兔发病主要是外生殖器溃烂或脓肿，阴道内能够流出或挤出黄白色脓性分泌物。公兔主要发生在包皮，出现脓肿，之后溃烂或结痂。

【病理变化】　病兔不同部位皮下和内脏器官有数量不等、大小不一的脓疱，疱膜完整，内含浓稠的乳白色脓液或破溃而流出脓汁。黄尿病仔兔剖检可见小肠黏膜充血、出血，肠腔充满黏液。膀胱膨胀，充满黄色尿液。

【诊　断】　通过临床症状和病理变化可以作出初步诊断，确诊需要进行细菌学的检测。

送检病料：刚刚发生脓包部位的组织，或直接取脓汁。

细菌学检查：取病料涂片，革兰氏染色镜检，该菌为革兰氏阳性，无芽胞、鞭毛、荚膜，呈圆形或卵圆形，如葡萄状，有的成对或呈短链状，易误认为双球菌或链球菌，应注意分辨。

【鉴别诊断】　本病常引起各器官脓灶，与肺炎链球菌不易鉴别，需借助实验室手段。可将脓汁涂片革兰氏染色镜检见有革兰氏阳性葡萄状排列的球菌，为葡萄球菌；呈短球或链球状为链球菌。将病料接种于鲜血平皿培养基，如菌落大，并呈金黄色，为葡萄球菌；而菌落呈细小、半透明、灰白色，为链球菌。此外，也可利用生化试验鉴别。

【防控措施】 合理建设兔舍。兔舍应易清洁、易排水，不潮湿、不漏雨，防晒，通风良好，光线充足。兔笼底最好用木条、竹片制作，用铁丝网做笼底时，要在铁丝网上放置木板。保持兔笼和运动场清洁卫生，清除一切锋利的物体，如钉子、铁丝网的尖端、碎木屑等。哺乳箱内的垫草应清洁、干燥、卫生、柔软，避免擦伤，同时做好母兔产前、产后护理，及时清除箱内的粪尿，勤换垫草等。兔舍应设门前消毒池，搞好兔舍、笼具、垫料等的消毒，及时清除舍内粪便、污物。

根据生长情况及时调群。兔笼内的兔大小要基本一致，密度要适当，同时应将好斗兔分开，避免抓伤、咬伤。

注意营养调控，仔细观察母兔乳汁是否充足，如乳汁过少，应适度补充精料与多汁饲料，或喂适量的黄豆，或对仔兔进行调剂，以避免仔兔咬伤母兔乳头；如乳汁过多，则应适当减少精料，避免乳房膨胀、乳头管扩张，导致葡萄球菌乘虚而入引起乳房炎。一般产前和断奶前酌情减少母兔的精料和多汁饲料。

发现伤口或溃疡，及时涂搽碘酊、碘伏、紫药水或红霉素软膏等。仔兔产出后，要及时消毒脐带断端，母兔应用抗菌药物注射，如环丙沙星、头孢噻呋钠、青霉素等，促进子宫复位，避免发生子宫内膜炎及乳房炎。经常发病的地区，应做好兔葡萄球菌病疫苗的预防接种工作，母兔配种前每只皮下注射 2 毫升，每年免疫 3～4 次即可。

发病后，隔离所有病兔，并进行观察和治疗，建议淘汰处理，对死兔进行深埋或焚烧等处理，避免病情进一步蔓延。对健康兔可采用金黄色葡萄球菌灭活苗紧急免疫，皮下注射2毫升/只。

进行全群消毒，场地消毒与带兔消毒相结合，1天1次，可采用1%聚维酮碘溶液、2%戊二醛溶液（绿都百毒杀）或季铵盐类消毒药等。

病兔全身性治疗可选用青霉素、氟苯尼考、头孢类药物、氟喹诺酮类药物或磺胺类药物，最好肌内注射。病情严重时，对全群肌注头孢噻呋钠，5毫克/千克体重，1次/天，连用3天；并在饲料中添加多维素及微量元素以增加营养，提高体质和抗病能力。

假定健康母兔产仔后，对母兔、仔兔预防性用药，母兔注射氟苯尼考20毫克/千克体重，1天1次，连用2天；同时对仔兔用青霉素肌注，2万单位/千克体重，或头孢噻呋钠，5毫克/千克体重。

中药治疗：白头翁15克，秦皮10克，苦参15克，地榆20克，黄连10克，厚朴、木香、槟榔、银花、连翘各10克，煎水喂服，每只母兔20毫升，1天1次，连用3天。

发生脓肿的建议淘汰，价值高的家兔，可用鱼石脂软膏涂搽患处，待其成熟后，切开、引流、冲洗，然后用5%的紫药水，涂搽，再敷上消炎粉即可，每日换药1次，直至痊愈。

对患脚皮炎的病兔，将患部剪毛，清除异物、坏死组织，用高锰酸钾溶液冲洗，再用鱼石脂软膏或消炎粉涂抹，最后包扎、固定，每2天换药1次，直到病愈。对病情不太严重的可用紫药水涂搽，或用5%碘酊100毫升涂搽患部，也可选用红霉素、磺胺嘧啶等药物涂搽，同时肌内注射青霉素2万单位/千克体重，3次/天。

一般患脚皮炎的兔子，其裸露的皮肤容易混合感染螨虫或真菌病，混合感染螨虫时应皮下注射阿（依）维菌素，0.2毫克/千克体重，隔1周再用1次；混合感染真菌时，应用克霉唑软膏涂搽，并口服灰黄霉素25毫克/千克体重，2次/天，直至痊愈。

患乳房炎的母兔无治疗价值，尽快淘汰，避免更大损失。

条件许可的情况下，发病后可通过分离病原菌进行药物敏感性试验，选择敏感药物，防治效果更佳。

八、兔链球菌病

链球菌的种类繁多，在自然界分布很广。一部分对人畜有致病性，一部分无致病性。兔链球菌病是由C群β溶血性链球菌引起的一种急性败血性传染病。病原菌可存在于健康兔的口、鼻、咽腔和阴道。一般经上呼吸道传播。一年四季均可发生，但以春秋两季多见。

【病　原】 本菌呈圆形或卵圆形，常排列成链，链的长短不一，短者成对，或由4～8个菌组成，长者数十个甚至上百个。在固体培养基上常呈短链，在液体培养基中易呈长链。大多数链球菌在幼龄培养物中可见到荚膜，不形成芽胞，多数无鞭毛，革兰氏染色阳性。

1.特性　本菌为需氧或兼性厌氧菌。多数致病菌的生长要求较高，在普通琼脂上生长不良，在加有血液、血清的培养基中生长良好。在菌落周围形成β型(完全溶血)溶血环，称为溶血性链球菌，致病力强，常引起人和动物的多种疾病。

2.抵抗力　链球菌对热和普通消毒药抵抗力不强，多数链球菌经60℃加热30分钟，均可杀死，煮沸可立即死亡。常用的消毒药如2%苯酚、0.1%新洁尔灭、1%煤酚皂液，均可在3～5分钟内杀死。日光直射2小时死亡。0～4℃可存活150天，冷冻6个月特性不变。

3.抗原性　根据兰氏(Lancefield)血清学分类法，将链球菌分为20个血清群。引起兔链球菌病的链球菌属于C群β型溶血性链球菌。

【流行病学】

1.流行特点　兔链球菌病是一种急性、败血性、高度致死性的传染病，一定引起高度重视。本病为人兽共患病，有公共卫生学意义,多种动物均可感染发病,如兔、猪、牛、绵羊、山羊、貂、狐狸、鸡和鱼等。死兔不要剥皮利用,以免感染人,引起发病。

2.传播途径　病菌存在于许多动物和家兔的呼吸道、口腔和阴道中,在自然界分布很广,患病和病死动物是主要传染源,无症状和病愈后的带菌动物也可排出病菌成为传染源,病菌随分泌物、排泄物污染饲料、用具、空气、饮水和周围环境,经健康兔的上呼吸道黏膜或扁桃体而传染。

3.发病年龄　主要侵害幼兔,

4.高发季节　发病不分季节,但以春、秋两季多发。

5.病因　仔兔感染本病,多是由母兔作为传染源而引起的。

当各种应激因素使机体抵抗力下降时,可诱发本病。

【临床症状】 病兔体温升高,停食,精神沉郁,呼吸困难,呈间歇性下痢,或死于败血症。病初表现精神沉郁,体温升高。后期病兔俯卧地面,四肢麻痹,伸向外侧,头支地,强行运动,呈爬行姿势。从鼻孔中流出白色浆液性或黄色脓性分泌物,鼻孔周围被毛潮湿并粘有鼻分泌物。重者呼吸困难,有时可有间歇性下痢,很快死亡。也有的不表现任何症状即死亡。

【病理变化】 剖检可见皮下组织出血性浆液浸润,脾肿大,肝、肾脂肪变性,肠黏膜弥漫性出血。喉头、气管黏膜出血,肝脏肿大、淤血、出血和坏死。有的病例肝脏有大量黄色坏死灶,连成片状或条状,表明粗糙不平。有的肾、脾出血,心肌色淡,肺脏有局灶性或弥漫性出血点,各脏器及淋巴结出血。

【诊　断】 根据流行病学、临床症状、病理变化可作出初步诊断,确诊需病原分离鉴定。

病原学检查:采取病料组织、化脓灶、呼吸道分泌物等制成抹片,革兰氏染色。镜检,可见革兰氏阳性短链状球菌。以无菌操作接种鲜血培养基上,可见形成圆形、光滑、灰白色的细小菌落,周围形成透明的溶血环。必要时可分离细菌做动物实验,进一步验证即可确诊。

【鉴别诊断】

1. 葡萄球菌病 葡萄球菌常使各个器官形成脓灶，取脓汁涂片染色镜检可见革兰氏阳性葡萄串状排列的球菌。链球菌呈短链或链球状排列。

2. 肺炎球菌病 肺炎球菌病多以肺水肿、脓肿、纤维素性胸膜炎、心包炎为特征。肺炎球菌革兰氏染色阳性，呈双球状排列。

【防控措施】 平常注意防止饲料和饮水被病原污染。定期消毒。发现病兔及时治疗和隔离，对被病兔、死亡兔污染的场地、用具等彻底消毒，死亡兔不要剥皮利用，应深埋或焚烧处理。

母兔发病，采取个别治疗措施：①卡那霉素，肌内注射，4 万单位/千克体重，2 次/天。②青霉素，肌内注射，2 万～4 万单位/千克体重，2 次/天。③磺胺间甲氧嘧啶钠，30 毫克/千克体重。1 次/天。④头孢噻啶（先锋霉素Ⅱ），20 毫克/千克体重，肌注，每天 1 次，连续 5～7 天。如果发生脓肿，应切开排脓，然后用 2%洗必泰溶液或碘酊，每日冲洗 3 次，连续 5 天。

幼兔发病，要全群采取治疗措施：①磺胺间甲氧嘧啶钠，肌内注射，30 毫克/只，1 次/天，连用 4 天；同时口服氧氟沙星 5 毫克/只，上下午各 1 次，连用 4 天。②环丙沙星，肌内注射，10 毫克/只，1 次/天，连用 4 天，同时口服阿莫西林 30 毫克/只，上下午各 1 次，连用 4 天。③头孢噻呋钠，肌内注射，5 毫克/只，1 次/天，连用 4 天，同时口服新诺明 30 毫克/只，上下午各 1 次，连用 4 天。④氟苯尼考，肌内注射，20 毫克/只，2 次/天，连用 3 次，同时口服新霉素 10 毫克/只，上下午各 1 次，连用 4 天。

九、兔泰泽氏病

泰泽氏病是 Tyzzer 最早于 1917 年在用作肿瘤移植的小白鼠发现的一种传染病，主要表现为腹泻、肝的局部坏死和高死亡率。

目前，已在世界上很多国家和地区发现该病，我国于1981年首次发现。该病逐渐被视为家兔腹泻的重要而常见的疾病。其特征是严重下痢，排水样或黏液样粪便，脱水和迅速死亡，死亡率极高，是世界养兔业的一大威胁。

【病　原】　本病由毛样芽胞杆菌引起。

1. 特性　该菌是一种严格的胞质内寄生、革兰氏染色阴性细菌，形体细长，大小为0.3～0.5微米×2.0～20.0微米。该菌能产生芽胞，具周身鞭毛，能运动，具有多繁性，过碘酸锡夫氏(PAS)染色着色良好。

该病原体难以分离培养，因此，在很多情况下，泰泽氏病常被误诊为卡他性肠炎或其他类似疾病。

2. 抵抗力　一般情况下，常用消毒剂如甲醛、新洁尔灭、次氯酸钠、过氧乙酸与酚等在5分钟内即可将其杀灭，但形成芽胞后污染的固体垫料，其感染力则可保持1年之久。芽胞经过冻融依然能够存活，但56℃加热1小时可以杀死芽胞。该菌的抵抗力较强，但对氨苄西林与链霉素较为敏感。

【流行病学】

1. 流行特点　该病的易感动物相当广泛，除了家兔以外，还有小鼠、大鼠、仓鼠、地鼠、麝香鼠、沙土鼠、牛、马、犬、猫、恒河猴、雪豹、小熊猫等动物。对豚鼠的致病力尚无定论。

2. 传播途径　一般认为该病主要经消化道传染，发病兔粪便污染的饮水、饲料和垫草是传染源。本病的发病率和病死率都较高，在我国发病率30%，致死率50%。

3. 发病年龄　6～12周龄兔发病最为常见，断奶前的仔兔和成年兔也可以感染发病。

4. 病因　毛样芽胞杆菌随患病兔的粪便排出，被健康兔食入后即可发生感染，但不表现出病变、症状。如果感染兔发生应激，如环境过热、拥挤、运输或对其进行捕捉保定等，则病原体迅速增殖，引起严重损害。应用磺胺类药物、皮质类固醇和辐射治疗其他疾病时，干扰了胃肠道内微生物的生态平衡，也易促使隐性感染转变成发病状态。

【临床症状】 通常发病较急，以严重的水泻和后躯粘有粪便为主要特征。病兔精神沉郁，食欲废绝，身体虚弱，体温一般正常，呼吸稍快。粪便开始呈褐色糨糊状，继而转为水样，并有腹胀，迅速脱水、消瘦，通常情况下12～48小时内死亡，在死亡前往往停止腹泻。慢性的病程为5～8天或更长一些时间，病兔体重下降，身体虚弱无力。少数耐过的病兔，长期食欲不振，生长停滞。

【病理变化】 尸体脱水、消瘦。回肠、盲肠后段与结肠前段的浆膜广泛充血，浆膜下常见出血点。盲肠与结肠内有水样或糊状的棕色或褐色内容物，并充满气体。盲肠壁水肿增厚，有出血和纤维性渗出，黏膜面粗糙，并呈细颗粒样外观。在回肠与结肠的联合处附近也有类似病变，但一般症状较轻。慢性病例在有广泛坏死的肠管，常因纤维化而变狭窄。重症者，肝脏肿大，肝脏表面和切面有灰黄色或灰白色，针尖大至米粒大弥散性坏死灶；脾脏萎缩，肠系膜淋巴结肿大；部分病兔心肌有灰白色或淡黄色条纹状坏死。

【诊　断】 本病的盲肠与肝脏等处病理变化是典型的，但仅仅根据这一点还不能进行确诊。只有在受害组织的细胞质中找到病原体毛样芽胞杆菌，才能确诊。

送检病料：肝脏、回肠、盲肠、结肠与心脏以及肠系膜淋巴结。

细菌学检查：用病料做涂片，以姬姆萨或镀银法染色镜检，发现有大量染成蓝紫色或黑色的毛发状芽胞杆菌即可确诊。有条件的还可用补体结合试验与琼脂扩散试验检查兔群血清，以确定兔群是否感染病原。

【防控措施】 目前，本病既无有效的疫苗供使用，也无有效的治疗方法。对本病的预防重点应放在日常饲养管理上，饲料的搭配要合理，有足够的粗纤维。加强饲养管理，注意清洁卫生。兔的排泄物要进行发酵处理;对病兔及时隔离治疗或淘汰,对其排泄物、污染的场地、兔舍与兔笼等彻底清洗消毒,防止病原扩散。消除各种应激因素,如过热和拥挤等。在应激因素作用期间,在兔群内使用抗生素,有一定的预防作用。

有报道称,患病早期,用0.006%～0.01%土霉素水供患兔饮用,连续1个月,可阻止该病的暴发。链霉素肌内注射,每千克体重20毫克,每天2次,连用3～5天,也有一定的治疗作用。同时,进行对症治疗,如病兔脱水严重时,应用葡萄糖生理盐水进行补液。治疗无效时,应及时淘汰。

十、兔密螺旋体病

兔密螺旋体病,又称兔梅毒病,是兔的一种慢性传染病,也称性螺旋病、螺旋体病。以外生殖器、颜面、肛门等皮肤及黏膜发生炎症、结节和溃疡,患部淋巴结发炎为特征。

【病　原】 病原为兔密螺旋体,分类上属于螺旋体科、密螺旋体属,呈纤细的螺旋状构造,主要存在于病兔的外生殖器官及其他病灶中。其致病力不强,一般只引起肉兔的局部病变而不累及全身。

1.特性　通常用姬姆萨或苯酚复红染色,但着色力差,用暗视野显微镜检查,可见到病原体做旋转运动。目前尚不能用人工培养基培养。

2.抵抗力　抵抗力不强,有效的消毒药为1%来苏儿、2%氢氧化钠溶液、2%甲醛溶液。

【流行病学】 一般呈良性经过,几乎没有死亡的。

1.流行特点　本病的易感动物是家兔和野兔,其他动物和人不感染。传染源主要是病兔,其次是淋巴结感染的带菌兔。

2.传播途径　主要是通过病兔、健兔交配感染;也能通过生殖器外部接触时传染,通过病兔排出的病原体污染的垫料、饲料、用具等媒介物经局部损伤传染。

3.发病年龄　本病在兔群中一旦发生发病率很高，绝大多数发生于成年兔，8月龄以下未交配的幼兔极少发病。育龄母兔的发病率比公兔高。

4.高发季节　无明显季节性。

【临床症状及病理变化】　本病潜伏期2周。病初病兔阴茎包皮、阴囊皮肤、阴户边缘和肛门周围发红、肿胀，随即形成小结节，肿胀部位流出黏液性或脓性分泌物，常伴有粟粒大小的结节。结节破溃后形成溃疡。由于局部不断有渗出物和出血，在溃疡面上形成棕红色痂皮。因局部疼痒，故病兔多以爪擦搔或舔咬患部，使感染扩散到颜面、下颌、鼻部等处，形成病灶，但不引起内脏变化。一般无全身症状，有时腹股沟淋巴结和腘淋巴结肿大。患兔失去交配欲，受胎率低，发生流产、死胎。少数病例可因病原侵入脊髓引发麻痹甚至死亡。康复兔无免疫力，可发生重复感染。

【诊　断】　根据病兔多为成年家兔，母兔受胎率低，临床检查无全身症状，仅在生殖器官等处有病变等特征可初步作出诊断。

送检病料：采用压迫病变部皮肤的方法采集压出的组织淋巴液、包皮清洗物、溃疡渗出液作为病料。

细菌学检查：标本经姬姆萨染色镜检，可检出密螺旋体，菌体两端尖直，有数量不等而规则的螺旋。如将病料置于玻片在暗视野显微镜下观察，可见运动活泼的菌体。

【防控措施】　引入种兔应做好生殖器官检查，种兔交配前也要认真进行健康检查。发病兔场应停止配种，病重者淘汰，可疑兔隔离饲养，污染的笼舍、用具用氢氧化钠或1%来苏儿溶液彻底消毒。

病兔初期可肌内注射青霉素，成年兔2万单位/千克体重，每天3次，连用4天。新胂凡纳明(914)，每千克体重40～60毫克，用注射用水或生理盐水配成溶液，耳静脉注射，隔2周重复1次。

注意现配现用,否则分解有毒。同时应用青霉素,效果更好。患部用硼酸水或高锰酸钾溶液或肥皂水洗涤后,再涂擦青霉素软膏或碘甘油;或者涂青霉素花生油(食用花生油 22 毫升加青霉素钠 33 万单位,拌匀即可),每天 1 次,20 天可痊愈。芫荽 2 克,枸杞根 3 克,洗净切碎,加水煎 10 分钟,再加少许明矾洗患处,每天 1 次,12 天好转,患病兔最好淘汰。

本病目前无有效疫苗。受到威胁的种兔群可用新胂凡纳明(914),40~60 毫克/千克体重,用注射用水或生理盐水配成溶液,耳静脉注射,注射 1 次即可。同时饲料中加入阿莫西林 30 毫克/千克体重,2 次/天,连用 4 天。

第三节 真菌性疾病

一、兔曲霉菌病

兔曲霉菌病是指由烟曲霉、黄曲霉等曲菌属真菌引起的一种真菌性传染病,也是一种人兽共患病。该病临床症状有多型性,以呼吸道炎症进而形成肉芽肿和霉菌毒素中毒为主要特征。

【病　原】 引起兔曲霉菌病的主要病原为烟曲霉菌,其次为黄曲霉菌,此外黑曲霉菌、土霉菌等也有不同程度的致病性。

1. 特性　曲霉菌及其孢子广泛分布在自然界中,常见于腐烂的植物和饲料,在土壤、空气、野生或家养动物及飞鸟的皮毛内均存在,也可寄生于健康兔的皮毛和上呼吸道。曲霉菌属于真菌,可在各类基质上生长。在高温(24~34℃)高湿(空气相对湿度 60%以上)的环境中生长迅速。

2. 抵抗力　曲霉菌根据其致病力可大体分为致病性曲霉菌和条件致病性曲霉菌。致病性曲霉菌本身具有很强的致病性,可导致健康兔发病。条件致病性曲霉菌致病力弱,通常不感染健康兔,但健康兔大量接触后或免疫功能低下者容易感染。

【流行病学】

1. 流行特点 本病多为散发或地方性暴发。曲霉菌的孢子分布广泛,易感者均可从自然界中受到感染。发霉的垫草、谷物和饲料常常是曲霉菌孢子的主要来源。带菌兔和病兔也是主要传染源。

2. 传播途径 本病主要通过呼吸道感染,也可通过消化道和皮肤的伤口感染。

3. 发病年龄 本病可侵害各种年龄阶段的兔,尤其对妊娠兔和哺乳兔危害最大。多种动物都可感染致病,其中各种禽类最为易感,哺乳动物报道相对较少,人类也可感染。兔与猪牛羊相比,对霉菌毒素特别敏感,容易中毒。

4. 高发季节 兔曲霉菌病一年四季均可发生,其中以高温高湿的夏季多发,其次为春季,冬季少见,但在有保温设施的兔舍,由于温度高、湿度大、通风差的原因,冬季也多发。

5. 病因 饲养管理差和外周及小环境不良,如兔舍或兔笼阴暗、潮湿、通风不良甚至发霉,饲养密度大、过于拥挤,饲喂霉变或用霉变原料做的饲料等因素,均可诱导本病的发生。

【临床症状】 由于霉菌种类多样,产生的毒素类型毒力、霉菌孢子入侵部位、个体摄入毒素量、兔生理阶段以及抗病能力不同等多种因素,故本病的临床症状具有多型性,以呼吸道炎症进而形成肉芽肿和霉菌毒素中毒为主要特征。幼兔常为急性和群发性,成年兔多为慢性和散发性。临床症状常见的有呼吸道型、眼型、瘫软型、口炎型、消化道型、繁殖障碍型和败血症型。

病兔少食或拒食,精神沉郁,反应迟钝,有时便秘,有时腹泻,全身无力(有的四肢无力,浑身瘫软如泥,头下垂不能抬起),喜卧。后期病兔出现神经症状,有的死前有挣扎、四肢划动等动作。

1. 呼吸道型 多由霉菌孢子入侵兔呼吸道引起。环境差、兔舍内有发霉物品易诱发本病。病死兔的主要病变在呼吸道，鼻腔或肺部有大小不一的脓肿或肉芽肿。

2.眼型　由霉菌孢子入侵兔眼睛引起。表现结膜充血、肿胀，眼睑封闭，下眼睑有干酪样物质，严重者失明。

3.瘫软型　多见于哺乳兔或妊娠兔，以后肢软瘫或浑身瘫软为主要特征。采食越多，发病率越高，症状越明显。

4.口炎型　所有年龄兔均可发生。表现流涎，口腔溃疡，拒食少食。

5.消化道型　所有年龄兔均可发生。出现肠炎、腹胀、便秘和腹泻等消化道症状。

6.繁殖障碍型　育龄母兔出现假发情、久配不孕，育龄公兔不配种、精液质量低下以及妊娠兔流产、产死胎等。

7.败血型　多为霉菌毒素急性中毒，也可见慢性中毒的后期。病兔出现神经症状，肌肉痉挛，共济失调，角弓反张，全身麻痹，各器官、组织大面积充血出血。

【病理变化】　病变主要位于肺脏，呈弥漫性肺炎和结节性肺炎。前者常为支气管肺炎或纤维素性肺炎，眼观肺脏有大小不一的实变区，在支气管内及肺泡腔中积聚大量的黏液、纤维素、菌丝，病灶周围的肺组织常发生坏死和渗出变化。后者又可分为急性和慢性2种。急性结节性肺炎，肺部可见针头、粟粒至豌豆大的黄白色结节，质地实在，切面呈层状，中心为干酪样坏死，其中含有大量菌丝体。慢性结节性肺炎，肺部可见较多肉芽肿结节，结节中央为干酪样坏死，外层为结缔组织包囊。

【诊　断】　根据问诊、临床症状、病理变化和现场调查，可以作出初步诊断，但因本病的多型性，要确诊必须通过实验室检查。

送检病料：呼吸道的脓肿或肉芽肿。

细菌学检查：取病理组织（结节中心菌丝最好）少许，置载玻片上，加生理盐水1～2滴，用针划碎病料，固定染色，用显微镜镜检，可见菌体丝和孢子。

【鉴别诊断】

1. 兔巴氏杆菌病、兔波氏杆菌病、兔结核病和兔伪结核病　与呼吸道型曲霉菌病相似，主要通过实验室技术检测病原来确诊区分。此外，这四种病均为细菌性疾病，相应抗生素治疗有效。

2. 兔产后瘫痪病　与瘫软型曲霉菌病相似。前者是哺乳兔缺钙引起，病程缓慢较长，补充钙制剂可以康复。

3. 兔弓形虫病　与败血型曲霉菌病出现的神经症状相似。前者病原为弓形虫，以体温升高、呼吸困难、腹泻和神经症状为主要特征，兔场有猫出入的历史。

【防控措施】　绝不购入发霉变质原材料，绝不使用发霉的饲料。缩短饲料的贮存期。对饲料进行科学贮藏管理，注意饲料库通风、避光，防止受潮发霉，饲料由专人管理，责任到人。在大群更换饲料前，可先用几只兔进行试喂，进行观察，无问题再用至全群。饲喂时做到定时定量，一次加料不宜过多。如没有吃完的饲料应及时清理，防止剩余饲料在饲槽内累积受潮发霉。加强饮水系统的管理，对漏冒水管及时修理更换。做好兔舍环境卫生工作，保持兔舍通风干燥，降低饲养密度，兔舍内无积水、积尿粪现象。在高温高湿季节，除加强降温通风工作外，还应加强对兔舍的消毒。平时尽量避免对兔的惊扰，减少转舍、换笼、换料和换饲养员，以减少应激，提高兔自身的免疫水平。

在高温高湿季节，饲料中适量添加防霉剂，如丙酸及其盐类、山梨酸及其盐类、苯甲酸和苯甲酸钠、甲酸及其盐类、对羟基苯甲酸酯类、柠檬酸、柠檬酸钠、乳酸、乳酸钙、乳酸亚铁等，均有较好的防霉效果，也可在饲料中加入一定量的霉菌毒素吸附剂，如霉可脱、脱霉灵等。

发现病兔，应隔离饲养，立即停喂原有饲料，用新鲜草料代替。清除被污染的全部垫料和饲料，对饲槽和饮水器清洁消毒，用

0.05% 硫酸铜溶液喷洒兔舍地面墙面，并用戊二醛(绿都百毒杀)带兔喷雾消毒。对于一般病兔只要停喂发霉的饲料，投喂抗霉菌药物，可很快痊愈。大群 3 天后病情可得到控制，多数轻症病兔症状消失。

一般病症重的兔没有治疗价值，应淘汰。对于有一定经济价值兔和病症轻的发病兔可采取支持、保护、解毒、泄毒和抑菌等方法综合治疗。①支持疗法。25%葡萄糖溶液，静脉注射 20～40 毫升，每天 2 次，直至痊愈；弥散型维生素(如速补-14、维补-18 等)，按说明量的 1.5 倍添加，连用 5 天；也可给其口服 10%葡萄糖溶液 50～100 毫升；安钠咖 0.5～1 毫升，皮下注射，以增强心功能。②保护和泄毒疗法。淀粉 20 克，加水煮成糊状，加入硫酸钠 5～6 克灌服，以保护肠黏膜，减少毒物的吸收并增加排出。③解毒疗法。一般注射维生素 C 3～5 毫升，每天 2 次，连续注射 3 天，并配合一定的保肝药。④抑菌方法。投喂制霉菌素、两性霉素 B、克霉唑和大蒜素等。

二、兔霉菌毒素中毒

在饲料或饲料原料中生长的霉菌可以分成 3 种，即曲霉菌、青霉菌和镰刀菌。这些霉菌及其产生的毒素常常污染饲料中的常用原料。兔对其特别敏感，食入后能引起雌激素功能亢进的效应，如阴道脱垂、阴门肿大、乳腺肿胀，也能够引起家兔流产、死胎、瘫痪、肠炎、便秘等。

【病　原】 主要是饲料发霉产生的毒素(主要为黄曲霉毒素)引起的。日粮中黄曲霉毒素的水平超过 0.0002%，即可能导致兔中毒。

黄曲霉菌素在肝脏进行代谢，中毒在肝脏引起广泛损害，肝脏有广泛病变，并死于肝功能衰竭。

【流行病学】

1. 发病年龄 育成兔或成兔多发。幼兔吃料较少,发病也相对少。

2. 高发季节 全年均可发生,高温高湿季节多发。

3. 病因 主要是食入发霉的饲料引起的。谷物、秸秆类饲料容易受到霉菌的污染。尤其是在温度高于25℃,空气相对湿度大于80%,通风不良的环境中和阴雨季节。

饲料发霉原因有以下几种:①原料发霉。如花生秧、红薯秧、玉米秸、豆秸、苜蓿草等,在收获后的干燥过程中受到雨水的影响,或在饲料原料的贮存过程中受到雨雪的影响受潮而发霉。②小型颗粒饲料机在制粒过程中需要加入一定的水分,制成后,由于空气湿度过大,或连续阴雨,没有及时干燥而发霉。③养兔场一次购买或生产颗粒饲料过多,在短时间内没有消耗掉,在贮存过程中吸收空气中的水分而发霉。特别是贮存条件简陋,将饲料直接堆放在地面或紧贴墙壁,没有采取任何防潮设施,非常容易受潮而发霉变质。④一次投料过多,饲槽长期没有清理,饲槽内的饲料容易吸潮,或因饮水、粪尿液进入饲槽而发霉变质。

【临床症状】 中毒家兔常呈急性发作,出现流涎,腹泻,粪便恶臭,混有黏液或血液。病兔精神沉郁,呼吸急促,运动不灵活,或倒地不起,最后衰竭死亡。妊娠母兔常引起流产或死胎,发病表现主要有以下形式。

1. 瘫痪型 临产母兔易发。

2. 肠炎型 幼兔多发,成年兔也可发生。

3. 便秘型 所有家兔均可表现腹胀,从而引发便秘。

4. 流产型 多发生在妊娠中期。

5. 死胎型 胎儿发育基本成型,体重略小,体色灰暗,死亡发生在妊娠后期。

6. 假发情型 空怀母兔外阴长期处于红肿状态,而久配不孕。

【病理变化】 病兔肝脏明显肿大，表面呈淡黄色，肝实质变性，质地脆。胸膜、腹膜、肾脏、心肌及胃肠道出血。肠黏膜容易剥脱。肺充血、出血。

【诊　断】 根据大肠内有硬结，肺、肾、脾出血、肿大等病变，结合有饲喂霉变饲料史可作出初步诊断，检测饲料毒素含量，可进一步确诊。

【防控措施】 预防主要是控制饲料发霉，可从以下几个方面入手：①选好原料，凡是发霉的饲料禁止使用。含水率高的饲料要进行干燥，符合标准后再使用。②在饲料中加入一定量的霉菌毒素吸附剂，如霉可脱、绿都脱霉灵等，尤其是在高温高湿季节，但不要长期大剂量添加，防止引起其他营养物质缺乏症。③妥善保管饲料，注意饲料库通风、避光和防潮。④缩短储存期。无论是饲料原料，还是成品饲料，应尽量缩短存放时间，尤其是在高湿高温季节更应注意。⑤保持兔舍干燥。由于家兔排泄、粪尿沟冲刷及饮水器滴水等原因，造成兔舍内长期处于高湿度状态，给预防饲料霉变造成一定困难。对此应及时维修，加强通风。

本病无特效解毒药物。疑为中毒时应立即停止喂给发霉饲料，尽快排出已食饲料，补充体液保肝解毒。停食 1 天，而后改喂优质饲料和清洁饮水。

有症状的病兔没有治疗价值，建议淘汰。

三、兔　癣

兔癣是由真菌毛癣菌所致的一种传染性皮肤病，属人兽共患病，一般发病兔场，很多饲养人员也发生感染。

【病　原】 包括真菌毛癣菌属的石膏样毛癣霉菌（须发癣菌）、石膏状小孢子菌。抵抗力较强，一般消毒药难以杀灭。

【流行病学】

1. 流行特点　近几年，南方规模化养兔增多，由于南方大多以多雨、温暖潮湿或阴冷潮湿的环境为主，导致发病严重，甚至仔兔刚开始长毛时就发生该病，导致皮毛质量下降，饲料报酬低。用药效果不理想，很难清除。

2. 传播途径　自然感染大多是由于在兔舍中、场地上以及吮乳和交配时的直接接触而传播。也可以通过刷拭用具及饲养人员间接传播。

3. 发病年龄　幼兔多发。成兔多为带菌者。

4. 高发季节　潮湿的环境多发。

5. 病因　温暖、潮湿、污秽的环境条件可促进本病的发生。

【临床症状】　主要有两种：一种是以鼻、面或耳部的环形，突起带灰色或黄色痂为特征。虽然往往从头部开始，但可见于皮肤的任何区域。约在3周内痂皮脱落，接着呈现小的溃疡外观，可以造成毛根和毛囊的破坏。另一种是在皮肤上出现环形、被覆珍珠灰色闪光鳞屑的秃毛斑为主要特征。有时患部（如头、四肢）皮肤潮红，虽看不到溃疡，但触摸有粗糙感，头部毛脱落。病兔体重减轻，消瘦。

【诊　断】　根据流行病学、临床症状可初步作出诊断。

取病变组织的新鲜标本作镜检，发现真菌的分枝菌丝与特殊孢子可确诊。

【鉴别诊断】　本病应注意与兔螨病区别。兔螨病按发病部位分为足螨、耳螨、身螨。病初毛根发红、痒，皮肤出现麦麸状白皮，患兔常用爪抓挠，皮肤脱毛变痂皮，结成硬块，病程长达数十日，患部扩大变溃疡即死亡。二者易混合或继发感染，使病情加重，应引起重视。

【防控措施】　防止啮齿类动物如鼠接近兔笼或兔箱，注意日常的卫生措施。

发病后严格隔离或淘汰病兔，做好兔笼和刷拭用具的消毒。

对病兔主要采取局部治疗：首先剪短患部的被毛，最好用软肥皂和猪油(各等份)涂搽,以软化痂皮而除去,或用一般防腐消毒药液清洗后除去痂皮污物。然后用稀碘酊涂搽,再涂上杀真菌药,如达克宁(人用)软膏或10%水杨酸软膏。

对于发病严重的兔场应采取全群综合治疗的方式,全群应用灰黄霉素进行全身治疗,25～60 毫克/千克体重,1 次/天,连用7～10天。对于新出生的仔兔,3 日龄可用 5%聚维酮碘或 5%绿都癣清浸泡立即取出,进行预防消毒。同时注意螨虫的预防,皮下注射阿维菌素(或依维菌素),0.2 毫克/千克体重。注意清理产仔箱和母兔笼具,加强对母兔的管理及消毒,不要让其总待在一个笼位内,产仔时更换笼位。

第四节　寄生虫病

一、兔球虫病

兔球虫病是由艾美耳腹泻属的多种球虫引起的一种兔常见体内寄生虫病。大多数感染是由两种或两种以上的球虫所引起。虽然一般由多种球虫混合感染,但发病常常与某几个优势种(感染数量最大者)密切相关。

【病　原】 目前,我国发现的兔球虫有艾美耳属 16 种。危害兔的最重要的球虫是孢子虫纲。其中,艾美耳球虫,即斯氏艾美耳球虫,寄生于肝而引起疾病,称肝型球虫病;其他种寄生于肠管上皮细胞而引起疾病,称肠型球虫病。

1. *生活史*　艾美耳属的球虫卵囊大部分是圆形或椭圆形,形成孢子的卵囊内有 4 个孢子囊,每个孢子囊内含有 2 个孢子体。卵囊在充足的氧气供应及适当的温度(22～28℃)和湿度(55%～60%)下,经过 2～3 天,原生质内含物便发育变化,分裂成 4 个橄榄形的孢子囊,每个囊内有 2 个子孢子,这就是发育成熟的卵囊,称之为孢子化卵囊，在适当时候经饮水和饲料侵入机体钻入上皮细胞进行裂增殖，大量繁殖引发疾病。

2. 抵抗力　卵囊在外界环境里能保持生命力4～5年。在2～28℃潮湿的环境下，可存活1年以上。但其对日光和干燥很敏感，日光下数小时内即被杀死。

卵囊对化学药品的抵抗力远较细菌高。2%来苏儿8小时、3%苯酚溶液6小时、10%福尔马林溶液8小时、0.1%升汞溶液经2小时才能使卵囊停止发育。0.2%新洁尔灭对卵囊孢子化有较强的抑制作用。

3. 致病机制　当大量卵囊侵入机体后，钻入上皮细胞进行裂体增殖，机械地破坏上皮细胞和附近组织、血管及肠绒毛，引起吸收障碍，导致营养不良。球虫所分泌的特殊毒素被损伤的黏膜吸收，加上肝脏的解毒功能下降，而引起全身性中毒及神经症状。

【流行病学】

1. 流行特点　各品种的家兔都易感，球虫病耐过者或治愈者，可成为长期带虫者和传染源。目前，在规模化兔场流行的球虫病，由于在饲料中添加了抗球虫药物，且饲养条件较好，发生的球虫多以肠球虫为主，肝球虫很少见。

2. 传播途径　本病主要通过消化道传染。仔兔通过饲料、饮水、吃奶时与母兔接触食入卵囊而发病。

3. 发病年龄　尤以断奶至3月龄的幼兔发病率和死亡率最高，成兔多为带虫者。

4. 高发季节　一年四季均可发生，以高温高湿季节发病最为严重。北方一般在7～8月份，南方多发于开春和梅雨季节，若兔舍温度保持在10℃以上，则随时均可发生，一般呈地方流行性。

5. 病因　主要是仔兔食入卵囊而发病，母兔是主要的带虫者。饲料中缺乏B族维生素或蛋白质含量过高也会导致仔兔易感性增高。

【临床症状】 兔球虫病的症状因年龄、生理状况、球虫种类、感染强度及饲养管理情况不同而有所差异。按病程长短分为：急性，病程 3～6 天，常以死亡告终；亚急性，病程 1～3 周；慢性，病程 1～3 个月。按球虫寄生部位可分为 3 型：肝型、肠型、混合型。

1. 肝型球虫病 多发于 30～90 日龄幼兔。触诊肝大，肝区痛感，腹部膨胀、有腹水，被毛粗糙易折，眼球紫，眼结膜苍白或黄染。后期下痢，消瘦而死。

2. 肠型球虫病 一般多呈急性，多见于 20～60 日龄幼兔。病兔突然侧身倒下，哀叫，两后肢痉挛而死。

3. 兔混合型球虫病 兼有以上两型症状。成年兔症状轻微，生长缓慢，贫血，瘦弱。病兔开始食欲减退，精神沉郁，行动迟缓，体温略有升高，并有腹泻与便秘交替发生，在夏季常有腹泻，倒卧地上，生长停滞，被毛粗乱，虚弱消瘦，可视黏膜苍白。唾液分泌增多，腹部臌胀，肝肿大，有时出现黄疸。有时呈现神经症状（痉挛或麻痹），尤其是幼兔。也常见排尿频繁。

【病理变化】

1. 肝型球虫病 肝脏、胆囊肿大，胆汁浓稠色暗，肝脏表面有白色圆形小结节。

2. 肠型球虫病 空肠后段、回肠黏膜肿胀充血，其内充满黏液，有的肠黏膜淡灰色，有许多白色小结节，偶见化脓性病灶。

3. 兔混合型球虫病 兼有以上两型病变。

【诊 断】 根据流行病学、临床症状、病理变化可作出初步诊断。用肠内容物或粪便直接涂片、漂浮法或集中漂浮法检查，发现卵囊即可确诊。

饱和盐水漂浮法基本原理是采用比卵囊密度大的溶液，使卵囊上浮于液体表层。操作方法：①制备饱和食盐溶液。在开水中加入食盐，直至不再溶解生成沉淀为止（1 升水中约加入食盐 400 克）。用纱布或脱脂棉滤过，冷却后使用。②取 5～10 克粪便，置于容积为100～200毫升的烧杯中，加入少量饱和食盐溶液搅拌混匀后，继续加入饱和食盐溶液约至20倍。③用纱布滤入另一烧杯中，弃去粪渣。④将盛有滤液的烧杯静置40～45分钟。⑤用直径0.5～1厘米的金属圈水平接触液面，将沾着在金属圈上的液体移置载玻片上，加盖玻片后镜检。卵囊外包有衣壳，似鸡蛋样。

【防控措施】 对本病应采取综合性防制措施。具体如下：

其一，搞好清洁卫生。每日清扫兔笼垫板积粪，用清水及时冲洗，将粪便堆放在固定地方；防止粪便污染饲料和饮水，在设计兔笼时就要注意饲槽、饮水器、草架的设置(如将其固定在兔笼之外或高于笼底板)，兔笼底板的网眼应便于粪尿排出；按一舍兔笼固定清扫用具，打扫后要及时洗手；设立专门的饲料间，防止鼠类侵入；哺乳仔兔的母兔乳房每10天应清洗1次；消灭球虫卵囊的机械性传播者鼠类、蝇类及其他害虫等；经常刷洗饲槽、饮水器等设备。做好兔舍通风，保持干燥。

其二，定期消毒。用火焰消毒兔笼；用热水、有效的消毒剂，如0.1%新洁尔灭，10%氨溶液、肥皂—苯酚—煤油乳剂消毒兔笼、兔舍、设备；饲槽、饮水器在清洗后沸水消毒或经日光直射消毒；饲料在饲喂前要经过日光暴晒；在养兔场内设置粪坑，用坑积法消毒粪便灭虫。兔粪坑积24小时后，坑内温度即可上升到40℃以上，并维持7天，可杀死粪内全部卵囊。

其三，分群和隔离饲养。仔兔和成年兔分开饲养，只有哺乳时在一起；断奶仔兔应及早与母兔分离。

其四，给予糖类饲料(禾本科干草、燕麦等)，添加维生素(维生素A、B族维生素、维生素D)和盐类(磷酸钙)，提高机体的抵抗力。

其五，定期粪便检查，及时隔离或淘汰病兔，不提倡治疗。

其六，做好药物防治。可选下列药物：①磺胺类。常用的药物有磺胺二甲嘧啶、磺胺二甲氧嘧啶，磺胺间甲氧嘧啶(制菌磺，大灭痛)、磺胺邻二甲氧嘧啶(周效磺胺)、磺胺氯吡嗪、复方磺胺甲基异噁唑(复方新诺明)等。磺胺药物抗球虫活性的高峰期是球虫的第二代裂殖体,对第一代裂殖体也有一定作用。磺胺氯吡嗪钠,治疗量可按每日 500～600 克/吨料混饲,连续给药 5～10 天。②氯苯胍。长期单一使用易产生耐药性。预防量按 150 克/吨料混饲,治疗量加倍。③吡啶类。氯吡多(氯甲羟吡啶,克球多)对球虫的活性高峰期是孢子体期,必须早期用药,才能充分发挥作用。浓度 120～150 克/吨料混饲。④聚醚离子载体类。主要有盐霉素、甲基盐霉素、莫能霉素等。⑤莫能霉素。广谱高效,不易产生耐药性,能促进增重。按 20～40 克/吨料混饲,连续饲喂 1～2 个月,能预防肝、肠球虫病,注意用量不能超过 40 克/吨料。⑥地克珠利。本品为三嗪类新型广谱专用抗球虫药,具有高效低毒的特点,在目前的抗球虫药中用药浓度最低,是目前成品饲料中常用添加药物。混饲,每吨饲料添加 1 克。

使用抗球虫药物的同时,进行对症治疗,尤其应注意及早缓解脱水,可使用口服补液盐,提高治愈率。同时补充维生素 K,以降低球虫病的死亡率;补充高剂量的维生素 A,以加速球虫病暴发后的康复。

本病在防治上常存在以下误区:

一是全群预防,容易导致大兔中毒,尤其是泌乳母兔中毒现象较普遍。无论何种抗球虫药物,不要轻易投喂大兔,特别是泌乳母兔。一般母兔饲料中,尽量不要长期加入抗球虫药物,可以间隔性投药,比如间隔 1 个月投喂 5～7 天,防止母兔中毒,引起不孕、不发情、仔兔过少等。

二是出现误诊,只认识肝球虫,不知道肠球虫。发生肠球虫病时,大部分都与大肠杆菌或其他细菌混合感染,这时要投喂抗菌药物,以控制细菌继发感染。

三是用药量不准,搅拌不匀。由于家兔饲料多为颗粒料,因此，添加药物时容易搅拌不均匀，所以拌料饲喂要格外注意。

四是滥用药物。所有的抗球虫药物都有一定的毒性，使用不当就会造成中毒。如家兔对马杜霉素最敏感，应禁止使用。莫能霉素的剂量也要严格控制，勿长期多加，防止中毒。

五是季节性预防。仅在夏季预防。目前，由于规模化兔场环境的改善，温度较高，湿度较大，全年都有发病的可能，但多数兔场没有高度防范的意识。

六是使用过期药物错过最佳治疗时间。2 年以上的药物已基本失去药效，经过高温压粒的药物，药效会受到很大影响，使用这些药物必然导致防治失败。

七是耐药性。若长期使用一种抗球虫药物，很有可能造成球虫对其产生耐药性而不能有效防治。因此，当连续使用一种药物效果不如以往的时候，最好更换另一种药物，或使用复方抗球虫药。

二、兔弓形虫病

弓形虫病是重要的人兽共患原虫病，在人及动物中广泛传播，对人类健康和畜牧业的发展带来了严重的威胁，已经引起医学界和兽医界的高度重视。1908 年世界上首次报道家兔弓形虫病，我国于 1955 年在福建某地的兔和猫等动物中发现弓形虫病的存在。目前家兔弓形虫感染在我国已经比较普遍，发病率有逐渐增高的趋势。

【病　原】 本病是由龚地弓形虫引起的寄生原虫病。

1. 生活史 龚地弓形虫是一种细胞内寄生虫，根据其发育阶段有 5 种不同形态：滋养体、包囊、裂殖体、配子体和卵囊。滋养体和包囊位于中间宿主如人、家畜、鼠等体内，另外 3 种形态只存在于终末宿主猫的体内。家兔食入被含有弓形虫卵囊的猫粪污染的饲料而感染。

滋养体在细胞内或细胞外存在，在急性期出现。包囊出现在动物细胞内，一般是慢性病例或潜伏期出现。包囊呈卵圆形，在坚韧的囊壁内含有许多裂殖子。裂殖体在猫的肠上皮细胞内进行无性繁殖，一个裂殖体可以发育成许多裂殖子。配子体是在猫的肠上皮细胞内进行有性繁殖时的虫体。卵囊也呈卵圆形，有双层囊壁，随猫粪排到外界。每个卵囊内形成两个卵圆形的孢子囊，每个孢子囊内含有4个长形弯曲的孢子体。

2.抵抗力　弓形虫在上述5个阶段的抵抗力也不相同。滋养体的抵抗力最低，在生理盐水中经几个小时后即失去感染能力；几乎各种消毒药都能将其杀灭，如1%来苏儿在1分钟内就能将其杀死。包囊在冰冻和干燥条件下一般不能生存，但其较能耐酸，能够抵抗胃液的作用。卵囊在常温下，感染力可以保持长达12～18个月；一般常用消毒药对其没有明显的影响，但其对热和10%氨水较为敏感，易被杀灭。

【流行病学】

1.流行特点　猫及猫科动物是弓形虫的终末宿主，也是弓形虫病的主要传染源。

2.传播途径　弓形虫可以通过口、呼吸道、眼结膜、皮肤等途径侵入动物体内，也可以经过胎盘垂直感染胎儿。患病动物和带虫动物的肉、内脏、血液及其渗出物（包括乳汁）与排泄物中都可能含有弓形虫。

3.发病年龄　幼兔多发，发病率和死亡率可达30%以上，当结肠受侵害时死亡率可高达80%以上。

4.病因　兔饲料和饮水被含有大量弓形虫卵囊的猫粪污染，是兔场暴发弓形虫病的主要原因。

【临床症状】　家兔多为隐性感染，如果受到应激因素也出现临床症状，在临床上有急性与慢性2种类型。

1. 急性型　主要见于仔兔，以突然停食、体温升高和呼吸加快为特征，有浆液性和脓性眼垢与鼻液。粪便一般正常。病兔精神沉郁，嗜睡，几天内出现局部或全身肌肉痉挛的神经症状。有些病例出现麻痹症状，尤其多见于后肢，通常在发病后 2～8 天死亡。

2. 慢性型　多见于老龄兔，病程较长，厌食而消瘦，常出现不同程度的贫血症状。随着病程发展，病兔出现神经症状，通常表现为后躯麻痹；妊娠母兔出现流产。病兔可能突然死亡，大多可以康复。

【病理变化】　急性弓形虫病对家兔脏器有普遍损害，以淋巴结、脾脏、肝脏、肺脏和心脏的广泛坏死为特征。上述脏器肿大，表面有广泛的灰白色坏死灶及大小不一的出血点。肠道黏膜出血，常有扁豆大小的溃疡。胸、腹腔积液。

慢性型病变比急性型轻微，以各脏器水肿、增大，并有散在的坏死灶为特征。主要是肠系膜淋巴结明显肿胀，后期坏死。脾脏中度肿胀，有粟粒状坚硬结节。肝脏也可见坚硬结节。肺水肿，有白色结节。

隐性型主要表现为中枢神经系统受包囊侵害的变化，可见神经胶质瘤和肉芽肿性脑炎病变。

【诊　断】　根据神经症状及内脏器官广泛性坏死，可作出初步诊断，确诊需借助实验室诊断。

送检病料：淋巴结、脾脏、肝脏、肺脏、心脏、脑以及胸、腹腔渗出液等。

病原学检查：采取病料做涂片或切片，自然干燥后用甲醇固定，再用姬姆萨氏液或瑞氏液染色后镜检。弓形虫速殖子呈橘子瓣状或新月形，一端钝圆，一端较尖，胞质呈蓝色，中央有一紫红色的核。慢性病例也可检查脑中的包囊。将脑组织置研钵中加生理盐水进行研磨，然后用低倍镜检查脑组织悬浮液中的包囊，若发现圆形或椭圆形、颜色较深较暗、大小为 30～60 微米的包囊后，再做涂片染色镜检确定。

【防控措施】 猫是弓形虫的终末宿主，而兔和其他动物只是弓形虫原虫无性繁殖期的寄生对象。因此，预防本病的发生，应禁止在兔场内养猫，防止兔饲料和饮水等受到猫排泄物的污染。限制肉食动物接近兔舍，场内积极开展灭鼠活动。兔舍、兔笼保持清洁卫生，定期消毒。

发现病兔或可疑病兔，应及时进行隔离治疗，对久治不愈者应及时淘汰。对病死兔尸体、流产胎儿及其排泄物要进行深埋或焚烧处理。

目前，尚无针对该病的特效治疗药物，磺胺类药物有一定的疗效。磺胺嘧啶(70 毫克/千克体重)＋乙胺嘧啶(2 毫克/千克体重)，内服，首次量加倍，每天服用 2 次，连用 4～5 天。

对受威胁的兔群应及时进行药物预防，如将磺胺类药物混在饲料中，连喂 7 天，或用氯苯胍，按每千克体重 10～15 毫克的剂量灌服，连续 4 天，都可收到预防效果。

三、兔豆状囊尾蚴病

家兔豆状囊尾蚴病是由豆状带绦虫的幼虫(即豆状囊尾蚴)寄生于家兔的肝脏、肠系膜和腹腔内而引起的一种寄生虫病。

【病 原】 豆状囊尾蚴虫体呈透明囊泡状，球形，大小如豌豆，故名豆状囊尾蚴。其囊内含有透明液体和一个小头节。成虫豆状带绦虫寄生于狗、猫、狐狸、狼以及其他野生食肉动物的小肠内，共有 200～400 个节片。体长 60～200 厘米，最大宽度为 4.8 厘米。边缘呈锯齿状。因此，又称锯齿带绦虫。虫卵呈圆形，大小为 37～40 微米。

1. 生活史 当中间宿主兔吞食了被豆状带绦虫的孕节或虫卵污染的食物或饮水后，六钩蚴便在宿主消化道内逸出，钻入肠壁，进入血管，随血流到达肝实质中发育。实验感染家兔第 11 天，囊已形成；第 13 天后，虫体开始穿出肝脏被膜进入腹腔；第 16～19

天,虫体迅速增大,变成圆形,囊内充满囊液,黏附在内脏表面,主要在大网膜,一部分游离于腹腔中,一部分在骨盆腔内和直肠周围的浆膜内继续发育成豆状囊尾蚴。感染后 32 天,囊尾蚴外观发育完全,但尚无感染力,发育至第 39 天的囊尾蚴才成熟而具有感染力。屠宰家兔时,狗、猫等终末宿主吞食了含豆状囊尾蚴的兔内脏后,豆状囊尾蚴包囊在终末缩主消化道中破裂,囊尾蚴头节附着于小肠壁上,约经 1 个月发育为成虫。成虫在犬体内可存活 8 个月以上。

2. 抵抗力　虫卵用一般方法难以杀灭,化学消毒药无效,只有高温处理才可杀灭。

【流行病学】

1. 流行特点　随着各地养兔业的发展,原来豆状带绦虫在野生动物狼、狐和兔类之间循环的流行,已逐渐被犬和家兔之间的循环流行模式所取代。犬感染成虫是兔类感染豆状囊尾蚴的传染源,而大量感染有豆状囊尾蚴的家兔内脏没有处理而被抛弃,又成为犬感染成虫的主要因素。

2. 传播途径　主要经消化道传播。

3. 发病年龄　无年龄限制,各种日龄的家兔均发生本病。

4. 高发季节　无明显的发病季节。

5. 病因　主要是犬、猫等动物粪便污染饲料,被家兔食入而发病。

【临床症状】 病兔大多为 1 月龄以上幼兔,表现被毛粗糙、无光泽,消瘦,腹部臌胀,用手提起有拍水声。可视黏膜苍白,贫血,消化不良或紊乱,食欲减退,仔兔生长发育迟缓,大多水样腹泻,部分粪球小而硬,外裹一层胶冻样黏液,挂在兔笼底部。病重者出现黄疸,精神委靡,嗜睡少动,耳朵苍白,眼结膜苍白,呈现贫血症状。逐渐消瘦,后肢瘫痪。并急性死亡,死亡率极高,至 60 日龄时几乎 100%死亡。

【病理变化】 尸体消瘦,皮下水肿,有大量淡黄色腹水。肝脏肿大,腹腔积液,肝脏表面、胃壁、肠道、腹壁等处的浆膜面附着数量不等的水疱样白点,用放大镜观察,可见大小如豌豆,囊内含有透明液体和一个小的头节,即豆状囊尾蚴。肝肿大,呈土黄色,质硬,有的表面有纤维块,表面和切面有黑红、黄白色条纹状病灶,有的为肝硬化。严重的腹水中有大量虫体。

【诊　断】 生前诊断可采用间接血凝试验,该法较为敏感、快速,且简便易行。死后或解剖后则可根据胃部、肝脏和肠系膜上寄生的豆状囊尾蚴包囊作出确诊。

【防控措施】 防止犬、猫等的粪便污染兔的饲料及饮水,不用含豆状囊尾蚴的兔内脏喂犬、猫等肉食动物。场内禁止饲养犬、猫,如要饲养必须拴养,并且每隔2～3个月用药物驱虫1次,并远离饲料间,防止鼠类或其他野生动物偷吃犬、猫饲料后污染饲料间,粪便定期清扫并堆集发酵。

发现病兔后应立即隔离治疗,同时对全群进行药物预防。可用吡喹酮或丙硫苯咪唑,预防量均为10～35毫克/千克体重,拌入饲料内喂服,1次/天,连用5天;治疗量,吡喹酮,皮下注射,25毫克/千克体重,1次/天,连用5天,丙硫苯咪唑,肌内注射,35毫克/千克体重,1次/天,连用3天。

四、兔螨虫病

兔螨虫病又叫疥螨病、痒螨病,是由寄生于家兔体表的痒螨或疥螨引起的一种体外寄生虫性皮肤病,以患部皮肤剧痒、脱毛、发炎、结痂为主要特征。此病接触传播迅速,轻者使家兔消瘦,影响生产性能,严重者造成死亡,是目前危害家兔健康的一种严重疾病。

【病　原】 痒螨和疥螨发育过程分为虫卵、幼虫、稚虫和成虫,发育周期为8～17天。

1. 痒螨　体呈长圆形，口器呈圆锥形，2 对前腿较发达。雌虫第 1、第 2 和第 4 对及雄虫的第 1、第 2 和第 3 对腿的跗节上有吸盘，雌虫和雄虫的第 3 对腿上有 2 根长刚毛，雄虫的第 4 对腿上没有吸盘和刚毛，各种动物的痒螨在形态上彼此相似。兔痒螨的成虫大小：雄虫 431～547 微米×322～462 微米；雌虫 403～749 微米×351～499 微米。痒螨具有显著突出的螯肢及口器，这些部分形成了伸长的“喙”，通过喙咬透动物的皮肤，吞食淋巴、皮肤细胞的组织液。虫卵大小：300 微米×140 微米。

痒螨可导致表皮生发层肥厚的慢性炎症反应、角质层角化不全症以及上皮脱落。

2. 疥螨　（见图 5-1）。体呈圆形，所有的腿部变短。雄虫第一、第二和第四对腿，雌虫第一和第二对腿跗节的基上有钟形吸

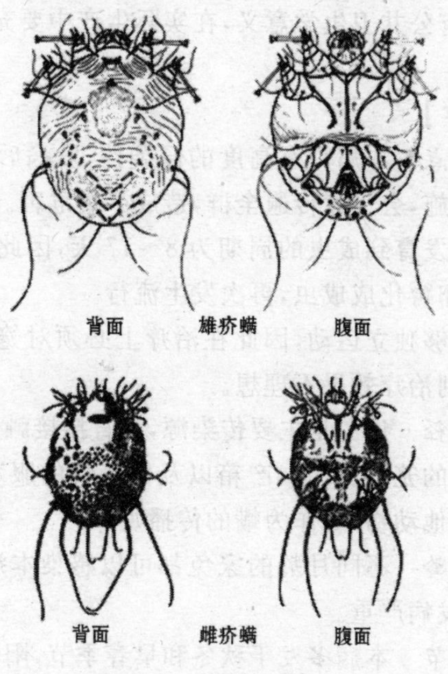

图 5-1　疥螨形态特征

盘。口器呈蹄铁形，发育良好，为咀嚼型口器。兔疥螨的成虫大小：雄虫303～450微米×250～350微米；雌虫约为雄虫的2倍。疥螨生活在皮肤内，以淋巴液为食。虫卵呈椭圆形，有白而薄的卵壳，其长度为130～250微米，宽为95～150微米。

疥螨在皮肤上掘开隧道并吞食上皮细胞，吸吮淋巴液，引起强烈瘙痒，而使病兔摩擦、抓搔患部。开始发生局部脱毛和浆液性渗出，接着形成由干涸的血清与上皮碎屑组成的白黄色痂，连续不断地自伤造成皮肤损伤，继发细菌感染便难以避免。

螨虫属于一类体型微小的动物，寄生在动物的体表，属于体外寄生虫，对化学消毒药不敏感，对一般农药敏感，常用的有机磷农药均可杀死螨虫，但存在安全隐患，目前已经少用。目前比较安全杀螨药物是依维菌素（阿维菌素），较小的剂量就可将其杀死。其可感染人类，有公共卫生学意义，在实际生产中要充分注意该病的危害。

【流行病学】

1. 流行特点　本病具有高度的侵袭性，发病后如不及时采取有效的防治措施，会迅速传遍全群，造成严重危害。

螨虫由卵发育到成虫的周期为8～17天，因此在用药时要重复用药，防止卵孵化成成虫，再次发生流行。

因螨虫能够独立运动，因此在治疗上必须对笼具及场地进行严格消毒，否则治疗效果不理想。

2. 传播途径　病兔是主要传染源，可直接接触传染，也可以通过被螨虫污染的笼舍、食具、产箱以及饲养员的服装、用具等间接传染。犬和其他动物，可作为螨的传播媒介。

3. 发病年龄　不同月龄的家兔都可以感染本病，幼兔比成年兔易感性强，发病严重。

4. 高发季节　本病多发于秋冬和早春季节，阳光不足、阴雨潮湿、气候变冷，适合螨虫的生长繁殖，可促进本病的发生与蔓延。

5. 病因　①管理和卫生制度不良。这是促进疾病蔓延的重要因素，饲养密度过大，兔场卫生条件差，营养不良，可降低家兔对螨虫的抵抗力。兔疥螨还可以传染人。在秋冬时期，特别是在阴雨天气，疥螨病很容易蔓延，冬季为疥螨病高发期，尤其是在潮湿、狭窄的兔舍中密集饲养时，感染严重。②营养和健康状况差。瘦弱和幼年动物易遭侵袭。疥螨几乎没有宿主专一性，在动物宿主之间或动物与人之间，都能相互感染。痒螨不寄生于人，但可爬到人体上，引起暂时发痒和皮肤的个别部位发红。宿主感染了其本身所固有的专性疥螨后，在 1 年至几年内，不出现任何症状，这是带螨现象，其中还包括耐过后的带螨、机械传播者带螨、季节性带螨、潜伏期带螨等。带螨的宿主或动物实际上成了螨病的传播者，一旦遇到体质差的兔子就可能引起新的流行。③适时复发。表面康复的带虫家兔，在春末夏初，由于畜体换毛，体表受阳光充足的照射，皮肤温度升高，通气条件改善，畜舍条件有了改进，形成了不利于疥螨发育繁殖的条件。到了夏季，阳光照射和干燥情况下，常引起疥螨大量死亡，此时患病部分长出新毛，似乎已经恢复，但病原体仍潜藏在一些隐蔽部位，到秋后往往复发。

【临床症状】

1. 兔疥螨病　一般先在嘴、鼻孔及眼周围和脚爪部发生病变，然后向四肢、头部、腹部及其他部位扩展，使病兔产生奇痒，不停地用嘴啃咬脚部或用脚爪抓搔嘴、鼻等处，严重时前后脚抓地。由于病兔搔痒引起炎症，使皮肤增厚变硬、形成龟裂等变化，影响采食和休息，造成病兔代谢紊乱、营养不良、贫血、消瘦，甚至死亡。

2. 兔痒螨病　也叫耳螨，病兔频频甩头，检查见耳根、外耳道内有黄色痂皮和分泌物，或在头部外耳道、脚掌下面的皮肤出现炎症和痂皮。

由于病原体引起的剧烈瘙痒，可见病兔摇头，或用后脚抓搔头部和耳，随着自伤而造成继发性细菌感染。由于螯肢（口器部分）

穿破并吞食皮肤的表皮层,引起炎症渗出。病初在耳内出现干的白灰色以至黄褐色痂样渗出。随着病情发展,痂块变成干燥加厚的糠麸样物质。如果除去碎屑和渗出物,则皮肤表面湿润而发红。耳部发出难闻气味,严重发炎,触摸时病兔相当痛苦。有时能蔓延到筛骨及脑部。在许多病例,从碎屑中或除去碎屑的新鲜创面上能看见痒螨。对内耳道的深部病变用耳镜检查。病兔不安,食欲减少,逐渐瘦弱,可能引起死亡。

【诊　断】 根据流行病学、临床症状及检查患部皮屑中螨虫体断片或虫卵可作出确诊。

在健康部与患部交接处采取病料,便于查出虫体。应用消毒的外科刀、锐匙、镊子等刮取病料(尽量在湿润部分刮取,易剥离的干燥痂皮、鳞屑和毛囊内一般不含虫体),一直刮到带有血迹为止。把取得的新鲜材料在容器中加热至30～40℃后,垫于黑色纸上,在放大镜下易于发现虫体的移动。还可将病料浸入盛有45～60℃温水的玻璃容器中,用低倍镜观察。

【鉴别诊断】 本病应与毛癣菌病及湿疹相区别。毛癣菌病皮肤有脱毛区,脱毛区多为圆形或椭圆形,较光滑、干燥,一般无痂皮或痂皮较少,无痒感。湿疹多发生于腹下,表现为密集的小红点或红疹块,可有脱毛,但痒感不剧烈。

【防控措施】 预防本病首先要严禁引种时带入病原。引种要选择到无螨虫和皮肤真菌病的兔场去引种,对引入的种兔都应该注射1次阿维菌素(或依维菌素),并隔离饲养,同时观察产出的仔兔有无感染皮肤病,证明确无问题时才可以进入种兔群饲养。

兔螨虫病传染性极强,如不及时采取有效措施,就会迅速传播,造成严重后果。因为螨病与皮肤真菌病都可以通过病兔污染的饲料、用具、饲养环节及人的携带而传播,所以扑灭家兔皮肤病的原则是全面治疗病兔,严格控制被污染的环境,持之以恒,坚持到完全彻底扑灭为止。

最经济、有效的杀螨药是阿维菌素(或依维菌素),皮下注射,0.2毫克/千克体重,于8天、16天后再重复注射,全群同期注射,避免打一部分留一部分。这样,可在较短时间内控制、消灭螨虫,同时注意杀灭笼舍、走道、承粪板、粪沟中的螨虫。

仔兔20日龄皮下注射阿维菌素(或依维菌素),0.2毫克/千克体重,预防体外及体内线虫。

对备用的产箱全部用火焰喷烧杀虫,对备用垫草(包括御寒用垫)一律用速灭菊酯1∶2000倍稀释液喷洒杀虫,并晒干备用,杜绝垫草里带入螨虫。定期杀灭笼舍、走道、承粪板、粪沟中的螨虫。用速灭菊酯按1∶2000倍稀释液喷洒,根据螨虫的生活史,首次喷药7天后再喷洒1次,以后每隔15天喷洒1次,这样可以在螨虫再次发生时即被杀灭。

及时淘汰已发病的商品兔。对不发病的假定健康兔皮下注射阿维菌素,0.2毫克/千克体重,每隔8天用1次,共用3次,即可预防。

治疗病兔可先用温肥皂水浸润软化痂皮,然后用镊子彻底清除痂皮,直到将痂皮连同脓血彻底清理干净,要将清理的污物集中焚烧,对患部涂搽依维菌素注射液,并注射,涂搽的患部每隔7天后涂搽1次,共涂4次,即可痊愈。一般不提倡治疗。

第五节 中毒性疾病

一、菜子饼中毒

菜子饼是油菜子榨油后剩余的副产品,蛋白质含量高达32%~39%,因此,菜子饼作为一种重要的蛋白质饲料,广泛应用于饲料工业。但菜子饼中含有芥子苷、芥子酶等多种有毒成分,若不经脱毒处理,长期或大量饲喂就易导致中毒。

【病　因】 使用含未脱毒或脱毒不充分的菜子饼饲料。

【临床症状】 兔群多在食后20～24小时发病，其中体弱者多先发，且较严重。病兔精神委顿，食欲减退，流涎，腹痛，排稀便或血便。体温升高，可达40.3～40.8℃，可视黏膜苍白、轻度黄染，心率加快，可达310次/分，呼吸增速，可达74次/分。尿频，血尿，排尿时表现痛感，排出尿液很快凝固。肾区疼痛，拱背，后肢不能站立而呈犬坐姿势。后期病兔不安，呈现轻度神经症状而死亡。

【病理变化】 病死兔可视黏膜苍白、黄染。胃肠黏膜水肿、充血、出血，呈卡他性、出血性胃肠炎。肝脏淤血、肿大、坏死，表面混浊，无光泽，切面结构模糊、湿润。肾脏肿大，呈暗红色，切面实质增宽和肾盂内积有血液。脾脏肿大，轻度淤血。心脏松软，心脏内积有凝固血液。肺脏轻度淤血、水肿。其他脏器未见异常病变。

【诊　断】 根据兔群中毒后的临床表现和剖检病变，并结合对饲料厂的调查和饲料分析的结果，当停止饲喂菜子饼后，家兔死亡停止，可确诊为菜子饼中毒。

【防控措施】 饲喂脱毒的菜子饼饲料。菜子饼脱毒法有物理脱毒法、化学脱毒法、微生物脱毒法。

铁盐法：将菜子饼粉碎，按饼重的0.5～1%称取硫酸亚铁，溶于饼重1/2的水中，待硫酸亚铁充分溶解后，将饼拌湿，存放1小时后，上锅蒸30分钟，取出风干。这种处理方法脱毒完全，简便易行，不受环境、设备条件的影响，且氨基酸与蛋白质损失少，适宜农村饲养，专业户和饲养生产厂家采用。

微生物脱毒法：用微生物制剂作为发酵脱毒剂，它的主要组成是酵母菌、乳酸菌、醋酸菌、白地霉、黑曲霉等混合微生物固体培养物。将菜子饼粉碎，加入菜子饼重0.5%的复合微生物制剂，拌匀，加水调至含量40%，在水泥地板上堆积保湿发酵。8小时后料温38℃左右，翻堆1次，再堆积，保温，控制料温35℃～38℃。每日翻堆1次。发酵3天，辛辣味大增；4～5天辛辣味逐渐消失，发酵完毕，置于阳光下晒至含水量为8%，即为脱毒菜子饼。

本病至今尚无特效解毒药，只能对症治疗，以排毒解毒、强心利尿、保护胃肠黏膜、止血及消炎为原则，多采用强心、兴奋剂（如樟脑、安钠咖等）。

二、棉子饼中毒

由于棉子饼价廉且富含蛋白质，营养价值较高，在饲料上应用较多，但棉叶、棉子及其副产品棉子饼含有有毒成分棉酚及其衍生物，棉酚在体内代谢缓慢，有蓄积中毒作用。

【病　因】 用未经去毒处理的棉叶或棉子作饲料时，一次大量喂给或长期饲喂，均可能引起中毒。妊娠兔和幼兔对棉子毒尤为敏感，幼兔可因吃了含棉酚的母乳而中毒。

【临床症状】 病兔精神沉郁，站立不安，消化功能紊乱，食欲减退，先便秘后腹泻，可视黏膜发黄，失明，尿呈红色。重型病兔呻吟、磨牙、抽搐，最后，心力衰竭而亡。病孕兔流产，流产的胎儿有出血、水肿等病变；产出的仔兔有的出现颤抖，酷似流行性脑炎，多数死亡，有的出现瞎眼、一肢发育不全或歪嘴、斜眼等畸形。部分经产母兔屡配不孕；种公兔的精子活力明显降低，睾丸间质增宽，对母兔的不育有明显的影响。

【病理变化】 胃肠道有出血性炎症。肝脏充血、肿大、发黄、变硬。心脏容积变大，心内、外膜有出血点。肺脏充血、水肿。肾脏肿大，被膜下有出血点。膀胱有出血性炎症。

【诊　断】 有饲喂棉子饼史，对饲料中棉酚进行检测，安全剂量为0.01%，中毒剂量0.04%～0.05%。

【防控措施】 棉子饼使用前应进行脱毒处理。最简单的方法是在饲料中添加硫酸亚铁，硫酸亚铁中二价铁离子能与游离棉酚结合，使其失去毒性，可获得饲用脱毒棉子饼。但添加量不宜过高，一般认为饲粮中铁离子总量不得超过500毫克/千克。

发病后首先应立即停喂棉子饼，全群饮用0.05%高锰酸钾水。用5%碳酸氢钠溶液饮水1天，以破坏毒物加速排出体外；也可用藕粉或淀粉糊灌服，以保护胃肠黏膜。在饲料中增加矿物质(尤其钙)的含量。

对病兔用10%葡萄糖溶液20毫升，0.9%氯化钠溶液10毫升，安钠咖0.2克和维生素C 5毫升，混合后，一次静脉注射，以增强心脏功能，补充营养和解毒。

三、食盐中毒

食盐是家兔体内不可缺少的矿物质成分，适量添加可增进食欲，改善消化，但过量可导致中毒，严重的可引起死亡。

【病　因】 家兔饲料配方中计算错误或生产操作中投料错误，造成添加量过大，一些市售饲料原料如鱼粉等本身含食盐，饲料中还按正常量添加食盐；食盐颗粒过大，搅拌不匀。

【临床症状】 患兔兴奋不安，口流涎，倒地四肢强直痉挛，头颈伸直、结膜充血，流泪，呼吸困难，心跳加快，牙关紧闭，最后常因全身麻痹、昏迷而死亡。

【病理变化】 患兔胃黏膜有广泛性出血。小肠黏膜有不同程度出血，肠系膜淋巴结水肿、出血。脑膜血管扩张，充血淤血，有大小不一出血点。

【诊　断】 根据发病情况、临床表现以及病理变化特征，结合实验室血钠和组织(肝、脑)中钠含量的检测，即可确诊。

【防控措施】 严格掌握食盐用量标准(日粮中不超过0.5%)，拌料时必须均匀。鱼粉用量不能超过混合饲料的10%。平时要供应充足的饮水。

家兔食盐中毒目前尚无特效解毒药。在解救时，主要是促进食盐的排出和对症治疗。立即停喂含过量食盐的饲料，间隔给水，防止病兔一次饮水过多。用溴化钾、硫酸镁等缓和兴奋和痉挛，同时静脉注射葡萄糖酸钙,帮助恢复电解质平衡;为缓解脑水肿和降低颅内压,可静脉注射山梨醇或高渗葡萄糖液,并利用利尿剂促进毒物排出。

四、硝酸盐和亚硝酸盐中毒

家兔由于过量食入或饮入含有硝酸盐或亚硝酸盐的植物和水,即可引起化学中毒性高铁血红蛋白血症(变性血红蛋白血症)。

【病　因】 家兔采食堆积发热的青饲料、蔬菜,或饲料中硝酸盐含量过高而引起发病。

【临床症状】 采食后短时间内发病,表现精神沉郁,食欲废绝。呼吸迫促,心跳加快,流涎,可视黏膜发绀,口鼻青紫,血液呈酱油色,步态不稳,腹部膨大,严重者全身痉挛,挣扎,迅速死亡。慢性中毒病兔表现为生长缓慢,流产,不孕。

【病理变化】 血液呈黑色或咖啡色,似酱油样,凝固不良,全身血管扩张。心肌点状出血。胃肠黏膜充血。气管黏膜点状出血。肝脏淤血肿大。内脏颜色晦暗。

【诊　断】 根据患兔病史和血液缺氧为特征的临床症状,结合检测胃内容物及饲料中亚硝酸盐含量,可作出诊断。

【防控措施】 搞好蔬菜类饲料的管理工作,采摘时勿乱扔、乱踏,运输越快越好,堆放时摊开散放,发热变黄的菜叶要丢弃,此外,煮菜时不要小火焖煮,应当凉后即喂,不能过久贮存。

特效解毒剂是美蓝(亚甲蓝),1～2 毫克/千克体重,配成 1%溶液静脉注射。

五、磺胺类药物中毒

磺胺类药物是一类化学合成的抗菌药物,有着较广的抗菌谱、抗虫谱,而且疗效确切、性质稳定、使用简便、价格便宜,又便于长期保存,临床上广泛地使用。但如使用不当,会造成家兔中毒。

【病　因】 用药量大或持续长期大量用药、药物添加饲料内混合不均匀等都可能引起中毒。

【临床症状】 急性中毒以药物性休克为主。病兔厌食，共济失调，肌肉变形、无力，惊厥，麻痹，最后昏迷而死。慢性中毒表现为喜饮水，消化不良，肚胀，生长缓慢，同时伴有不同程度的神经症状。体温变化不定。

【病理变化】 死兔血凝不良，皮下和肌肉均有明显的出血性病变。胃肠出血性炎症。肾脏和肝脏肿大，质脆，肾脏可能有白色的尿酸盐沉积，脾出血性梗死或坏死。骨髓黄染，脑和延髓充血、水肿。

【诊　断】 主要根据病史调查（是否应用过磺胺类药物，用药的种类、剂量、添加方式、供水情况、发病的时间和经过），结合临床症状及病理变化，综合分析即可作出诊断。

【防控措施】 尽量选择毒副作用小的磺胺类药物。应用时，必须按规定剂量准确给药，控制好用药时间。通过饲料给药时，要充分搅拌均匀，饮水给药应使药物完全溶解，最好同时应用相同剂量的小苏打，并给予充分饮水。

出现中毒症状时，应立即停药。给病兔口服1%碳酸氢钠溶液，以促进药物排泄；饲料中加入B族维生素和维生素K，以补充营养。

六、马杜拉霉素中毒

马杜拉霉素又叫抗球王、杀球王或杜球，是一种新型的多醚类离子载体抗球虫剂，能直接破坏球虫体内钠、钾离子的平衡，杀死球虫，国内外主要用于鸡球虫病的防治，除肉鸡外，其他动物安全性小，在临床应用中容易超量而引起中毒。

【病　因】 饲料中加入了马杜拉霉素或被其污染。

【临床症状】 精神沉郁，食欲减退或废绝，共济失调，呈醉酒状，或四肢瘫痪并向外叉开趴地，昏睡，体温正常或偏低，很快死亡。有的流涎，四肢麻痹，呼吸急促，有的流出血液。妊娠母兔会造成流产。

【病理变化】 心包积液，心肌松软，失去弹性。肺脏水肿，有散在的斑点状出血。肝脏肿大、质脆，有的肝脏黄染表面有大小不一的坏死灶。肾脏肿大，皮质有针尖大小的出血点，肾盂乳头部轻微出血。

【防控措施】 马杜拉霉素中毒目前尚无特效解毒药。发现后立即停止饲喂含马杜拉霉素的饲料、饮水，更换新饲料、饮水，同时在饮用水中添加水溶性电解质多维、维生素C、维生素E、亚硒酸钠或口服补液盐。

七、灭鼠药中毒

常用的灭鼠药有磷化锌、安妥（甲萘硫脲）和敌鼠、敌鼠钠。兔舍特别是饲料间为灭鼠而放置毒饵，如饲料中混有上述灭鼠药而被兔误食，即可发生中毒。

【病　因】 误食含有灭鼠药的饲料。

【症状及病变】

1. *磷化锌类中毒* 磷化锌是一种常用灭鼠药，呈灰色粉末。在食入1小时内出现症状，病兔精神不振，口渴，下痢，共济失调，进行性衰弱，死前常出现惊厥。剖检时可见心包积水和腹水；胃和十二指肠充血，胃内容物有刺鼻的大蒜气味。

2. *安妥类灭鼠药中毒* 安妥是一种强力灭鼠药，白色无臭味结晶粉末。中毒兔表现为食欲消失，呼吸困难（由肺水肿所致），共济失调，衰弱和昏迷。中毒严重的很快死亡。剖检时可见心包积水和肺水肿，内脏和皮下出血。

3. *敌鼠钠中毒* 敌鼠钠又名双苯杀鼠酮钠，是一种国产高效灭鼠药。敌鼠钠具有抗凝血作用，影响兔体的正常凝血过程。中毒兔高度精神沉郁，食欲减少或废绝，呼吸迫促，呈嗜睡状态，可视黏膜出血，便血、尿血。濒死的病兔全身出汗，呼吸困难，突然倒地，在痛苦的呻吟中死亡。剖检时可见血液凝固不良，尸僵完全。病死兔全身广泛出血。

【防控措施】 兔舍中使用灭鼠毒饵要十分小心，谨防毒饵混入饲料和饮水。严格管理饲料和饮水，做到专人专管，责任到人。

治疗可采用以下方法：①磷化锌中毒。0.1%～0.5%硫酸铜，灌服，有解毒作用，同时采取对症治疗。②安妥、敌鼠钠中毒。无特效的解毒药，早期可服盐类泻药，并对症治疗。

八、有机磷农药中毒

有机磷农药(如敌敌畏、乐果、敌百虫)是广泛用于农业生产上的一类杀虫剂，特别是在夏季农药使用的高峰期，家兔接触或误食有机磷农药污染的饲草、饲料后容易引起中毒的病例时有发生。

【病　因】 采食了含有农药的饲料或用有机磷农药体外驱虫被家兔舔食。

【临床症状】 中毒兔表现为食欲废绝，排血便(有大蒜味)，流涎，流泪，呼吸急促，心跳加快，全身肌肉震颤，兴奋不安，痉挛，瞳孔缩小。严重者因全身麻痹和窒息而死亡。中毒较轻的仅表现精神沉郁，食欲减退，流涎，腹泻等。

【病理变化】 胃肠黏膜出血、溃疡糜烂，出血性肺炎、气管内有大量泡沫及实质器官变性肿大等。急性死亡病例，胃内容物有大蒜臭味。

【防控措施】 为了防止家兔有机磷中毒，对青饲料的来源应严格控制，坚决不用附近有农药区的牧草。在使用有机磷药物治疗家兔体内外寄生虫时，应准确计算用量，且药物要远离饲料及水源，避免将有机磷农药混入家兔的饲料、饮水中。

当家兔出现中毒症状后应立即停喂可疑的饲草、饲料或饮水，同时静脉注射阿托品以缓解症状，剂量为每只1～5毫克，2小时1次，以流涎停止和瞳孔缩小症状消失为准；另外皮下注射特效药解磷定或氯磷定，每千克体重15毫克，每天3次，连用2～3天。

第六节　营养代谢性疾病

一、维生素A缺乏症

维生素A又称抗眼病维生素。缺乏维生素A会导致视力减退、夜盲症，上皮组织功能紊乱、神经症状及繁殖障碍。

【病　因】 ①日粮中缺乏维生素A，如长期给兔饲喂米糠、麸皮、变质干草等缺乏维生素A原的饲料。②家兔患有慢性消化系统疾病或肝脏疾病，导致吸收、转化与储存维生素A的机能障碍，从而引起继发性维生素A缺乏症。③饲料中磷酸盐或硝酸盐过多，导致家兔体内维生素A储存与合成代谢障碍。

【临床症状】 皮肤与黏膜上皮组织发生角质化与变性，表现皮炎、干眼病。公兔生殖功能障碍症；母兔发生流产、死胎、产出的胎儿衰弱或畸形等症状。病兔生长缓慢、消瘦与衰竭，出现共济失调的神经症状，如转圈，摇头，头转向一侧或后仰或头颈缩起，四肢麻痹，惊厥等。

【防控措施】 群体治疗，可用鱼肝油，0.4毫升/千克饲料，拌料，连用5～7天；个体治疗，可肌内注射400单位维生素A，每天1次，连用5天。

在日常的饲喂过程中多饲喂胡萝卜、老南瓜、黄玉米等饲料，饲料中添加鱼肝油，做好慢性消化系统疾病、球虫病及肝源性疾病的防治工作。

二、维生素E-硒缺乏症

维生素E是一种天然脂溶性维生素，硒为家兔体内重要的微量元素，二者在体内的生理功能相近，作用也有协同，缺乏时症状基本相似，临床上也提倡同补，因此对这两种疾病共同论述。维生素E-硒缺乏症以心肌营养不良、肌肉变性、出血性素质、繁殖障碍和脑软化为主要特征。

【病　因】 ①饲料中维生素E、硒含量不足，或不饱和脂肪酸含量过高，或脂肪酸酸败，破坏了饲料中的维生素E。②肝脏疾病引起，如肝球虫病，影响维生素E的储存和吸收，从而导致发病。

【症状与病变】 幼兔发生营养性肌肉萎缩，病初期主要表现肌酸尿、减食、增重停止；中期表现为前肢僵硬、体重急剧下降、食欲废绝；后期阶段营养不良、进行性肌无力、衰竭死亡。母兔维生素E缺乏主要表现为受胎率下降、死胎增多、新生仔兔死亡率高。剖检可见骨骼肌及心肌、咬肌、膈肌萎缩坏死，肌纤维钙化，腰肌有出血条纹和黄色坏死斑等。

【防控措施】 注意保证饲料中维生素E的供应，种子胚芽中维生素E含量最高，大麦芽、苜蓿草的含量较高。患某些肝病或母兔妊娠对维生素E需求增加时，可考虑在饲料中直接补充维生素E，并及时治疗肝的疾病。

治疗主要是补充维生素E，维生素E和硒有协同作用，也可同时补硒。群体缺乏时，可按维生素E 10～15毫克/100千克饲料、硒0.022毫克/100千克饲料的量拌料，连用5～7天，也可长期饲喂。个体治疗，维生素E 1000单位，肌内注射每天2次，连用2～3天，同时应用0.2%亚硒酸钠1毫升，每隔3～5天肌内注射1次，共用2～3次。

三、B族维生素缺乏症

B族维生素是一类低分子有机化合物，属于水溶性维生素。家兔的B族维生素主要包括硫胺素（维生素B_1）、核黄素（维生素B_2）、泛酸（维生素B_3）、吡哆素（维生素B_6）、生物素（维生素H）、烟酸（维生素PP）、叶酸（维生素B_{11}）、胆碱等。兔以草食性饲料为主，其大肠内的微生物能够利用食糜有机物进行合成B族维生素，故兔通常不易发生B族维生素的缺乏，但在饲养时因饲养管理、饲养方法不善而导致缺乏的情况也时有发生。

【病　因】　日粮中B族维生素含量不足；饲料加工调制不当，使饲料中B族维生素被破坏；肠道疾病，使肠道不能合成足量的B族维生素，均可造成本病的发生。

【症状与病变】　病兔消瘦，厌食，生长缓慢，被毛粗糙、易脱落脱色，消化功能低下，腹泻或便秘，贫血，运动失调，麻痹，抽搐，昏迷，死亡。

1. 维生素B_1缺乏症　后肢瘫痪，痉挛，运动失调，昏迷。

2. 维生素B_2缺乏症　因冬季家兔需要大量的能量来维持体温，故常发生核黄素不足，表现繁殖功能降低，被毛粗乱，脱毛，流泪，流涎。

3. 维生素B_3缺乏症　被毛粗糙，腹泻。

4. 维生素PP缺乏症　下痢，消瘦，丧失食欲，生长缓慢。

5. 维生素B_6缺乏症　皮炎、鼻端和爪出现疮痂，结膜炎，神经系统受损，运动失调，痉挛，瘫痪，死亡。

6. 维生素H缺乏症　脱毛，皮炎，痉挛。

7. 叶酸缺乏症　巨红细胞性贫血，生长缓慢。

8. 维生素B_{12}缺乏症　生长缓慢，贫血，消瘦，黏膜苍白，幼兔发育停滞，出现胃肠炎、腹泻、便秘等。血液稀薄，肝脏变黄变脆，肝细胞坏死和脂肪变性。

9. 胆碱缺乏症　被毛粗糙，贫血，肌肉萎缩，四肢无力，衰竭死亡。成年母兔繁殖功能障碍。

【防控措施】 供给家兔全价配合饲料。注意原料中动物性原料和酵母的应用。

当家兔出现B族维生素缺乏症状时，及时查明原因，迅速更改饲料配方，添加相应的维生素或含维生素的饲料。可在饲料中添加复合维生素B，连用3～5天。

四、钙磷代谢障碍症

钙磷代谢障碍主要是动物体内钙和磷的吸收和代谢出现非正常变化，主要表现为骨骼密度的变化，幼龄动物出现成骨不完全，呈现佝偻病，母兔出现产后瘫痪。影响钙磷代谢的因素主要有饲料中钙磷缺乏及比例不当，维生素D缺乏等。

（一）佝偻病

【病　因】 ①饲料中长期钙磷缺乏或其比例不当。日粮配合不平衡，不注意钙、磷供应或钙磷比例不当，饲喂高钙低磷或低钙高磷饲料，从而造成饲料中钙和磷的绝对量不足。据饲养试验证明，正常肠道对钙磷吸收的最佳比例是1.4∶1。当日粮中钙磷比大于或小于这个值时，都可造成钙磷代谢障碍。②维生素D缺乏。由于饲料中维生素D缺乏、阳光照射不足等，皆可造成维生素D的缺乏，从而使钙磷吸收降低。③患某些疾病。一些可导致甲状旁腺功能亢进、肾功能异常或慢性消化道疾病等，均可影响钙磷的吸收与代谢，从而造成家兔的钙磷代谢障碍。

【临床症状】 家兔精神不振，四肢向外侧倾斜，不能正常站立，常呈匍匐状，背部凹陷，不愿活动。四肢弯曲，关节肿大。肋骨与肋软骨交界处出现“佝偻珠”。死亡率较低。

【诊　断】 根据检测饲料中钙含量及质量。关节肿大及骨关节“佝偻珠”等特征症状，结合补充钙磷制剂疗效明显，即可确诊。

【防控措施】 在饲料中添加足量的骨粉或磷酸氢钙，并注意添加比例，同时补充维生素 D，并增加阳光照射。

发现病兔后立即采取治疗措施，防止病情加重。维生素 D 胶性钙注射液，1000～2000 单位/次，肌内注射，每日 1 次，连用 5～7 天。

(二)母兔产后截瘫

【病　因】 饲料中钙磷长期缺乏，繁殖频繁，饲养环境阴暗，产后缺乏阳光照射，运动不足，应激等是导致产后瘫痪的主要原因。此外，家兔分娩前后消化功能障碍或雌激素分泌过多，也可引起发病。

【临床症状】 该病多发于产后 2～3 周，个别母兔有时在产后 24 小时内发病，或者在临产前 2～4 天发病。家兔常突然发病，精神沉郁，惊恐胆小，食欲降低，严重者食欲废绝，家兔跛行、半蹲行或匍匐前进，四肢向两侧叉开，肌肉无力，不能站立。有时出现子宫脱出或出血症状。患兔体温正常或偏低，泌乳减少或停止。

【诊　断】 根据产后有跛行、后肢麻痹、瘫痪等症状，结合实验室检测血清钙含量明显低于正常值(250 毫克/升)，即可确诊。

【防控措施】 妊娠后期或哺乳期母兔，应供给钙磷比例适宜的饲料，并同时补充维生素 D。

对病兔可采取以下方法治疗：10%葡萄糖酸钙注射液 5～10 毫升、50%葡萄糖注射液 10～20 毫升，混合后耳静脉注射，每天 1 次。也可用 10%氯化钙注射液 5～10 毫升，结合葡萄糖注射液静脉注射。有食欲的病兔可在饲料中添加钙片及维生素 D，0.1 克/次，每天 2 次，连续饲喂 3～6 天。注意，添加钙磷和维生素 D 时，首先添加钙磷，然后再添加维生素 D，防止血钙增高，致使骨中的钙被释放，而加重症状。

附表1　引起腹泻疾病的鉴别诊断

疾病	病原	发病年龄	流行特点	发病率	死亡率	主要症状	病理变化
大肠杆菌病	大肠杆菌	多发于20日龄及断奶前后幼兔，成年兔很少发生	一年四季均可发生，主要通过消化道感染	50%～80%	50%	粪便细小，外包胶冻状黏液，水泻	胃内充满气体液体。空肠、回肠、盲肠有透明样黏液
沙门氏菌病	肠炎沙门氏菌和鼠伤寒沙门氏菌	1～2月龄仔兔，乳兔少见，妊娠母兔	一年四季均可发生，多见于6～8月	57%，流产率70%	49%	体温下降，急性下痢乃至水泻，有特殊腥臭味流产，子宫炎	胃溃疡，黏膜脱落。肠臌气，积水，大肠浆膜出血
魏氏梭菌病	A型魏氏梭菌	任何年龄，1～3月龄多发	一年四季均可发生，多见于冬、春季节	90%	100%	体温下降，急性下痢乃至水泻，有特殊腥臭味，死亡迅速	胃黏膜出血、溃疡。盲肠浆膜出血。肠臌气、积水
巴氏杆菌病	多杀性巴氏杆菌	任何年龄，2～6月龄多发	一年四季均可发生，多见于秋、春季节	20%～70%	80%	体温升高，鼻流浆液性或脓性分泌物，结膜发炎，腹泻	喉、气管黏膜充血、出血，有红色泡沫。肝脏有坏死点。胸腔积液
泰泽氏病	毛发样芽胞杆菌	任何年龄，3～12周龄多发，尤其4～8周更易感	一年四季均可发生，多见于秋、春季节	30%	95%	严重下痢、脱水，排水样、黏液样褐色粪便	盲肠、回肠、结肠出血。蚓突、肝脏有坏死灶

续附表 1

疾病	病　原	发病年龄	流行特点	发病率	死亡率	主要症状	病理变化
葡萄球菌病	金黄色葡萄球菌	任何年龄	一年四季均可发生	17%	14%	鼻腔流出浆液性、脓性分泌物，形成鼻痂，打喷嚏，水样腹泻，仔兔黄尿	皮下或内脏有数量不等、大小不等的脓疱，足趾皮炎、乳房炎等
肺炎球菌病	肺炎双球菌	任何年龄	有明显季节性，多发于春末夏初、秋末冬初	10%	20%	体温升高，咳嗽，流鼻液，水样腹泻	气管黏膜充血、出血，内有粉红色黏液。肺部有纤维性渗出物，脓肿。肝、脾脓肿
轮状病毒病	轮状病毒	幼兔，尤其是30～60日龄仔兔	晚秋、冬季、早春	不等	不等	水样腹泻，呈白色、棕色、灰绿色，并散发恶臭味	尸表脱水。肠道充血、出血，有大小不一的出血斑，肠内充满液体
球虫病	原虫	断奶至3月龄幼兔易感。成兔有抵抗力	有明显的季节性，春夏季多发，南方省份全年流行	97%～100%	40%～70%	突然倒地，头向后仰，尖叫死亡，腹胀，顽固性腹泻	肠道、肝脏散布数量不等、大小不一的黄白色结节

附表 2　呼吸系统疾病鉴别诊断

疾病	病　原	发病年龄	流行特点	发病率	死亡率	主要症状	病理变化
巴氏杆菌病	多杀性巴氏杆菌	任何年龄，2～6月龄多发	一年四季均可发生，多见于秋、春季节	20%～70%	80%	体温升高，流鼻液，咳嗽，呼吸困难，鼻炎，肺炎，中耳炎，子宫炎，睾丸炎等	肺充血、出血、水肿，有灰白色绿豆大脓肿病灶，胸腔积液，肝脏坏死
波氏杆菌病	支气管败血波氏杆菌	成年兔较少，2月龄以下幼兔多发	春、秋季节	20%～64.4%	27.5%	流鼻液，咳嗽，呼吸困难	鼻腔有浆液或黏液性分泌物，肺部有大小不一的脓疱
伪结核病	伪结核耶尔森氏菌	任何年龄，幼兔多发	冬春寒冷季节，秋季次之	4%～10%	10%	咳嗽，消瘦，肠结核以腹泻为主，骨结核以骨骼变形为主	蚓突和圆小囊肿大，有许多白色大小不一的干酪样结节
绿脓杆菌病	绿脓杆菌	任何年龄	多为散发，无明显的季节性	68%	31%	体温升高，呼吸困难，鼻、眼有浆液或脓性分泌物，皮下脓肿，下痢带血，但无恶臭	皮下脓肿。各器官和肠道广泛性淤血。肺部脓肿。胸腔、心包、腹腔有血样液体

续附表 2

疾病	病　原	发病年龄	流行特点	发病率	死亡率	主要症状	病理变化
链球菌病	溶血性链球菌	仔兔多发，幼兔较成年兔易感	一年四季均可发生，多见于春、秋季节	15%	15%～36%	体温升高，呼吸困难，鼻、眼有浆液或脓性分泌物，腹泻	皮下组织出血浆液性浸润。喉、气管黏膜出血。肝脏有片状和条状坏死
肺炎克雷伯氏菌病	克雷伯氏菌	任何年龄，幼兔更易感	一年四季均可发生	15%～30%	90%以上	成年兔呼吸急促，消瘦。幼兔剧烈腹泻	成年兔肺部及其他器官、皮下、肌肉有脓肿。幼兔肠黏膜充血、出血，肝脏有坏死点
肺炎球菌病	肺炎双球菌	任何年龄，仔兔和妊娠兔发病重	有明显季节性，多发于春末夏初、秋末冬初	10%	21%	体温升高，咳嗽，流鼻液，水样腹泻	气管黏膜充血、出血，内有粉红色黏液。肺部有纤维性渗出物，脓肿。肝、脾脓肿
兔瘟	兔瘟病毒	2月龄以上	无明显季节性，冬季多发	90%～100%	78%～85%	角弓反张，口鼻流出血液，呼吸急促，惊厥，蹦跳，倒地抽搐鸣叫而死	鼻腔、气管、肺脏出血。肝脏瘀血肿大，出血、坏死。肾脏瘀血肿大，有出血点

附表 3 引起母兔流产疾病的鉴别诊断

疾病	病原	发病年龄	流行特点	发病率	死亡率	主要症状	病理变化
布鲁氏菌病	流产布鲁氏菌和马尔他布鲁氏菌	任何年龄，性成熟的兔易感，母兔较公兔易感	一年四季均可发生，常散发	不等	不等	流产，阴道流出大量分泌物，甚至是脓性或血样物。公兔附睾和睾丸肿大	子宫蓄脓，黏膜溃疡、坏死。公兔附睾和睾丸化脓、坏死
沙门氏菌病	鼠伤寒沙门氏菌和肠炎沙门氏菌	出生至 2 月龄仔兔多发，乳兔少见，成年兔少见，妊娠母兔常发生大批流产	一年四季均可发生，多见于 6～8 月份	57%，流产率 70%	49%	体温下降，急性下痢乃至水泻，有特殊腥臭味，阴道流出脓性分泌物流产，子宫炎	胃溃疡，黏膜脱落，肠臌气，积水。肠壁有灰白色结节。肝脏有小坏死灶。子宫化脓性内膜炎
李氏杆菌病	李氏杆菌	幼兔（长急性）与妊娠母兔（亚急性与慢性）较多发	一年四季均可发生，多见于冬季和早春	20%～70%	26%	口吐白沫，角弓反张，神经症状，流产	肝脏有灰白色坏死灶。子宫蓄脓，内壁增厚 2～3 倍，有粟粒大坏死灶

续附表 3

疾病	病 原	发病年龄	流行特点	发病率	死亡率	主要症状	病理变化
巴氏杆菌病	多杀性巴氏杆菌	任何年龄，2～6月龄多发	一年四季均可发生，多见于春、秋季节	20%～70%	80%	鼻流浆液性或脓性分泌物，结膜发炎，腹泻，阴道流出脓性分泌物，流产。公兔睾丸肿胀	肝脏有坏死灶。子宫有脓性分泌物。睾丸发炎脓肿
衣原体病	鹦鹉热衣原体	任何年龄，6～8周龄多发	一年四季均可发生，多见于夏、秋季节	90%	不等	常有呼吸道症状，腹泻，流产或产死胎、弱胎，产期推迟1～2天	子宫内膜和阴道黏膜发炎，出血。胎儿水肿，皮下及肌肉出血
兔痘	兔痘病毒	任何年龄，幼兔和妊娠兔死亡率高	一年四季均可发生	70%	幼兔70%，妊娠母兔20%～30%	全身淋巴结肿大，皮肤出现红斑，丘疹，结痂。公兔阴囊水肿。母兔阴唇出现丘疹	口腔、呼吸道、肝脏、脾脏，及病死兔睾丸、卵巢和子宫布满灰白色结节

附表 4　引起皮肤病变和毛皮损伤疾病的鉴别诊断

疾病	病　原	发病年龄	流行特点	发病率	死亡率	主要症状	病理变化
皮肤真菌病	毛癣霉菌和小孢霉菌	任何年龄，幼兔较成兔易感	一年四季均可发生，秋末至春初舍饲期易发	不等	不等	大面积扩散性脱毛，口和耳周围有环状脱毛、脱屑、结痂	刮取癣痂或鳞屑，加入2%氢氧化钾，于低倍镜下镜检，发现霉菌孢子
螨病	兔疥螨和兔痒螨	任何年龄，幼兔较成兔易感	一年四季均可发生，秋末、冬季和初春易发	40%	不等	兔疥螨在病兔嘴、鼻、脚爪形成灰白色痂块 兔痒螨在外耳道基部形成红肿及黄褐色结痂	刮取结痂，加入10%氢氧化钠溶液，在低倍镜下发现螨虫
葡萄球菌	金黄色葡萄球菌	任何年龄	一年四季均可发生	17%	14%	鼻腔流出浆液性、脓性分泌物，形成鼻痂，打喷嚏，水样腹泻，仔兔黄尿	皮下或内脏有数量、大小不等的脓疱，足趾皮炎、乳房炎等

续附表 4

疾病	病　原	发病年龄	流行特点	发病率	死亡率	主要症状	病理变化
兔瘟	兔瘟病毒	任何年龄，幼兔和妊娠兔死亡率高	一年四季均可发生	70%	幼兔70%，妊娠母兔20%～30%	全身淋巴结肿大，公兔阴囊水肿，母兔阴唇出现丘疹，皮肤出现红斑，丘疹，坏死、出血、结痂	口腔、呼吸道、肝脏、脾脏，及病死兔睾丸、卵巢和子宫布满灰白色结节
兔密螺旋体病	兔梅毒密螺旋体	见于成年兔，也叫兔梅毒病	一年四季均可发生，常见于15～25℃的气温条件下	73.7%	很低	外生殖器和肛门周围红肿，出现水疱，形成结痂和溃疡。阴道和阴茎包皮上有带痂皮的溃疡	患部的皮肤和黏膜水肿，散布粟粒大结节。慢性病兔皮肤糠麸样，干裂，呈鳞片状隆起
兔黏液瘤病	兔黏液瘤病毒	任何年龄	8～10月份吸血昆虫孳生季节多发。每8～10年大流行一次	可达100%	可达100%	以颜面部和天然孔周围皮下发生黏液瘤样肿胀为主要特征	皮肤肿瘤结节，皮肤和皮下组织充血、水肿，切开皮下有胶冻状液体聚集

续附表4

疾病	病原	发病年龄	流行特点	发病率	死亡率	主要症状	病理变化
兔纤维瘤病	兔纤维瘤病毒	任何年龄，幼兔较成兔易感	一年四季均可发生，常见于炎热季节，我国至今无此病	可达100%	可达100%	在兔四肢和脚部皮下形成坚实良性肿瘤	皮下肿瘤，不附着于深层组织
绿脓杆菌病	绿脓假单胞菌	任何年龄	无季节性	68%	31%	体温升高，呼吸困难，腹泻。皮下脓肿	皮下脓肿，肺部脓肿。脓肿包膜及脓液呈绿色
坏死杆菌病	坏死杆菌	任何年龄，幼兔多发	有季节性，潮湿、多雨、炎热季节	22%	33%	唇部、口腔黏膜、齿龈等有坏死、肿块。在皮下形成脓肿、溃疡	皮下脓肿，口腔黏膜脓肿、溃疡
棒状杆菌病	鼠棒状杆菌和化脓棒状杆菌	任何年龄	无季节性但夏季多发	不等	不等	皮下脓肿，关节脓肿和炎症	皮下、肺、肾有脓肿，关节脓肿和增生性炎症

附表 5 引起斜颈、背脖疾病的鉴别诊断

疾病	病原	发病年龄	流行特点	发病率	死亡率	主要症状	病理变化
巴氏杆菌病	多杀性巴氏杆菌	任何年龄，2～6月龄多发	一年四季均可发生，多见于春、秋季节	20%～70%	80%	鼻流浆液性或脓性分泌物，结膜发炎，腹泻，阴道流出脓性分泌物，流产。公兔睾丸肿胀，化脓性中耳炎，外耳道有脓性分泌物	肝脏有坏死灶，子宫有脓性分泌物，睾丸发炎脓肿，中耳炎
脑炎原虫病	兔脑炎原虫	4～5月龄	一年四季均可发生，多见于寒冷潮湿季节	15%	76%	惊厥、颤抖、麻痹和昏迷等神经症状，蛋白尿，歪脖，翻滚	间质性肺炎，肉芽肿性脑炎。肾脏有灰白色坏死灶
李氏杆菌病	李氏杆菌	幼兔（常呈急性）与妊娠兔（亚急性与慢性）较多发	一年四季，多见于冬季和早春	散发，发病率不高	可达100%	口吐白沫，角弓反张，神经症状，流产，头颈偏向一侧，转圈运动	肝脏有灰白色坏死灶，子宫蓄脓，内壁增厚2～3倍，有粟粒大坏死灶

续附表5

疾病	病原	发病年龄	流行特点	发病率	死亡率	主要症状	病理变化
兔瘟	兔瘟病毒	2月龄以上	无明显季节性,冬季多发	90%～100%	78%～85%	角弓反张,口鼻流出血液,呼吸急促,惊厥,蹦跳,倒地抽搐鸣叫而死	鼻腔、气管、肺脏出血。肝脏淤血肿大,出血、坏死。肾脏淤血、肿大,有出血点
螨病	兔痒螨	任何年龄	一年四季均可发生,秋末、冬季和初春易发	40%	不等	痒螨在外耳道基部形成红肿,黄褐色结痂,侵入中耳和内耳,引起歪头、斜颈	刮取结痂,加入10%氢氧化钠溶液,在低倍镜下发现螨虫确诊
弓形虫病	粪地弓形虫	任何年龄	一年四季均可发生,秋末、冬季和初春易发	14.5%	30%	流鼻液,消瘦、贫血,全身惊厥,后肢麻痹等神经症状	实质器官肿胀,有大小不一的坏死灶,化脓性脑炎

附表 6　营养代谢性疾病鉴别诊断

疾病	病　原	发病年龄	流行特点	发病率	死亡率	主要症状	病理变化
维生素A缺乏症	饲料中缺乏维生素A、胡萝卜素和青绿饲草	任何年龄	一年四季均可发生	群发	不等	生长速度降低，上皮组织干燥或角化，视觉障碍（夜盲症）或失明，转圈，头来回摆动。公兔精液品质下降，母兔产弱仔、流产	仔兔脑内积水，成兔脑水肿
维生素D缺乏症	饲料中缺乏维生素D和钙、磷等，母兔光照少	任何年龄	一年四季均可发生	群发	不等	仔兔体弱站立时间延迟，前肢呈“O”形，后肢呈“X”形，四肢关节疼痛，跛行，也称佝偻病。肋骨呈“骨串珠”样	骨变形，骨串珠，骨骼发育畸形，容易骨折
维生素E缺乏症	饲料中缺乏维生素E，常与硒缺乏症并发	任何年龄，但以幼龄兔多发	一年四季均可发生，常见于缺乏青饲料的冬末、初春季节	群发	不等	僵直，进行性肌无力，消瘦、衰竭死亡。初期，前肢僵直，头回缩，严重的转圈、头歪向一侧处于爬卧状态	肌肉苍白萎缩，肝脏呈紫黑色，比正常大1～3倍，易碎，呈豆腐渣样。出血性素质，繁殖障碍和脑软化为主要特征

续附表 6

疾病	病原	发病年龄	流行特点	发病率	死亡率	主要症状	病理变化
维生素K缺乏症	饲料中缺乏维生素K或连续给予抗菌药物时易出现	任何年龄	一年四季均可发生	群发	不等	凝血功能失调，即使轻微创伤也会造成血管破裂，大量出血，血尿，妊娠母兔流产	参考症状
维生素B_1缺乏症	饲料中缺乏维生素B_1或长期饲喂低纤维高糖饲料	任何年龄，但以幼龄兔多发	一年四季均可发生	群发	不等	生长发育受阻，便秘或腹泻，水肿，共济失调，麻痹，抽搐，死亡。母兔产弱仔，死胎	参考症状
维生素B_2缺乏症	饲料中缺乏维生素B_2或长期投喂抗菌药物	任何年龄，幼龄兔多发	一年四季均可发生	群发	不等	生长发育缓慢，皮肤增厚、脱屑、发炎，局部脱毛乃至秃毛，结膜炎、角膜炎、口炎，神经症状，痉挛、瘫痪，最后死亡	参考症状

续附表 6

疾病	病 原	发病年龄	流行特点	发病率	死亡率	主要症状	病理变化
维生素 B_6 缺乏症	饲料中维生素 B_6 缺乏或遭破坏	任何年龄都可发生	一年四季均可发生	群发	不等	耳朵周围皮肤增厚和有鳞片，鼻端和爪出现疮痂，眼睛发生结膜炎。公兔睾丸萎缩。母兔空怀率高，死胎增加	公兔睾丸变小，实质萎缩。母兔卵巢发育不良，贫血，皮下组织水肿
维生素 B_{12} 缺乏症	饲料中缺乏维生素 B_{12}、钴或长期投喂抗菌药物	任何年龄都可发生。多呈地区性，缺钴地区发病率较高	一年四季均可发生	群发	不等	食欲减退或反常，营养不良、贫血、消瘦，神经兴奋性增高，触觉敏感，共济失调肺炎、胃肠炎、便秘等。幼仔兔发育停滞	黏膜苍白、全身贫血。肝脏呈土黄色，质地脆弱易破裂，脂肪肝
钙磷缺乏症	饲料中缺乏钙、磷，或钙、磷比例失调，维生素 D_3 不足	任何年龄	一年四季均可发生	群发	不等	食欲减退，异嗜，经常啃吃粪尿污染的垫草、被毛。骨骼变形，肿大，跛行。母兔产后瘫痪	参考症状

续附表 6

疾病	病原	发病年龄	流行特点	发病率	死亡率	主要症状	病理变化
假妊娠和不孕症	饲养管理不当，饲料营养不全。公兔不育，母兔不孕	老龄兔易发	一年四季均可发生	单发或公兔引起的群发	不等	公兔先天性不育。母兔阴道狭窄，生殖器官疾病，近亲交配。营养造成早期胚胎死亡，老母兔卵巢功能衰退。公兔睾丸功能下降	参考症状
妊娠毒血症	营养失调，运动不足	妊娠母兔	一年四季均可发生	单发或群发	不等	精神沉郁，呼吸困难，尿量显著减少，呼出气体有酮味。流产，共济失调、惊厥、昏迷，迅速死亡	乳腺分泌功能旺盛，卵巢黄体增大，肝脏脂肪变性。血糖降低，血钙减少，磷增加，丙酮试验阳性

附表 7 中毒性疾病鉴别诊断

疾病	病原	发病年龄	流行特点	发病率	死亡率	主要症状	病理变化
有机磷农药中毒	饲喂被有机磷农药污染的青草、饲料及饮水	任何年龄	春、夏、秋农药应用季节多发	群发	不等	采食污染饲料后不久出现症状。流涎及流眼泪，流汗，呼吸急促，腹痛、腹泻，瞳孔缩小，肌肉痉挛，结膜发绀，窒息死亡	胃肠黏膜充血、出血、糜烂、溃疡。肺脏淤血或水肿，气管中有泡沫液体。胃内容物有酸臭味
食盐中毒	食盐摄入过多或摄入不多但缺乏饮水	任何年龄	一年四季均可发生	群发	不等	食欲减退，呼吸加快，腹泻，口渴，兴奋不安，头部震颤，步履蹒跚，角弓反张，口吐白沫，四肢痉挛，昏迷死亡	胃黏膜有弥漫性、针尖大小的出血点或斑，胃底部和贲门部严重出血，呈紫黑色糜烂斑。小肠黏膜出血。肠系膜淋巴结水肿、出血呈紫红色

续附表 7

疾病	病原	发病年龄	流行特点	发病率	死亡率	主要症状	病理变化
霉菌毒素中毒	饲草饲料被镰刀菌、黄曲霉菌、赤霉菌、黑霉菌、白霉菌等污染	任何年龄	一年四季	群发	不等	消化紊乱，便秘继而腹泻，粪便带黏液和血液。口角流涎，后肢膝关节突出于臀部两侧，呈山字形伏卧笼内。神经症状，后肢瘫痪，全身麻痹死亡	胃肠道有出血性坏死性炎症，胃与小肠充血、出血。肝肿大、质脆变黄，变硬。肺脏充血、出血、水肿。有的内脏有霉菌结节
氢氰酸中毒	采食富含氰苷的植物高粱、玉米嫩苗等，豆科植物或被氰化物污染的饲料	任何年龄	一年四季，春、夏、秋多发	群发	不等	中毒发生迅速，多在3～5分钟造成死亡，饲料含氰苷引起的时间稍长，最长达3～5小时。呼吸困难，气喘，流涎。可视黏膜鲜红，站立不稳，抽搐，痉挛。麻痹死亡	尸斑和血液均呈鲜红色，凝固不良。尸体不易腐败。内脏器官多有淤血，肺水肿。胃肠黏膜充血、肿胀。散发苦杏仁味。腹腔和胸腔均有红色液体

续附表 7

疾病	病原	发病年龄	流行特点	发病率	死亡率	主要症状	病理变化
莱子饼中毒	大量饲喂莱子饼	任何年龄	一年四季	群发	不等	多在食后20～24小时发病。流涎、腹痛、腹泻，排少许带血粪便。可视黏膜苍白。尿频，血尿，尿液凝固。排尿疼痛。犬坐姿势，心衰死亡	可视黏膜苍白、黄染。胃肠黏膜水肿、充血、出血。肝脏淤血、肿大、坏死。肾肿大呈暗红色，切面实质出血、皮质增宽，肾盂内有血液。尿渣中有红细胞和蛋白管型
棉子饼中毒	一次过量或长期连续饲喂棉子饼	任何年龄	一年四季	群发	不等	精神沉郁，先便秘后腹泻，可视黏膜黄染，严重者失明。尿频、排尿疼痛、尿红。呻吟、磨牙、抽搐。仔兔颤抖，似脑炎症状。母兔流产，胎儿出血水肿	胃肠道出血性炎症，肝脏充血、肿大、发黄、变硬。心脏体积变大，心内、外膜有出血点，肺脏充血水肿，被膜下有出血点。尿蛋白阳性，尿渣中可见肾上皮细胞和各种管型

续附表 7

疾病	病原	发病年龄	流行特点	发病率	死亡率	主要症状	病理变化
土霉素中毒	用量过大或用药不当	任何年龄	一年四季	单发或群发	不等	精神委顿，磨牙，继而腹泻，排黏液状或水样稀粪，可视黏膜苍白，瞳孔散大，倒地，四肢划动，心衰窒息而死亡	胃黏膜脱落、充血和出血，并附有黏液。十二指肠变薄、小肠扩张，内充满水样液体，卡他性炎症。肝脏肿大充盈
磺胺二甲嘧啶中毒	过量和长期服用磺胺二甲嘧啶	任何年龄	一年四季	单发或群发	不等	食欲减少，饮欲明显，神经症状，四肢无力，肚胀，结膜淡白，角膜混浊，瞳孔放大，抽搐死亡	死兔血凝不良，皮下和肌肉均有出血性病变。胃肠出血性炎症。肾脏和肝脏肿大。脾脏出血性梗死。骨髓黄染
马杜拉霉素中毒	马杜拉霉素使用不当引起	青年兔以下都可发生，小兔多发	一年四季	单发或群发	不等	拒食，精神委顿，伏卧嗜睡，不能站立，或共济失调，呈酒醉状，体温降低死亡	心包积液，心肌松软，肺水肿有出血斑点。肝脏肿大质脆，有的黄染，有大小不一的坏死灶。肾肿大，皮质出血，肾盂乳头出血

续附表 7

疾病病因			发病年龄	流行特点	发病率	死亡率	主要症状	病理变化
灭鼠药中毒	磷化锌中毒	采食被灭鼠药污染的饲料	任何年龄	一年四季	单发或群发	不等	呕吐，腹痛，呕吐物有蒜臭味。粪便带血，共济失调，抽搐死亡	消化道黏膜出血脱落。内容物有蒜臭味，肺水肿，气管内有泡沫状液体
	安妥中毒	任何年龄	同上	同上	同上	同上	呕吐，腹泻，运动失调。咳嗽，口鼻流出灰色和血液泡沫。肺脏水肿，窒息死亡	肺脏显著增大水肿，有暗红色透明液体，气管内有血色泡沫
	敌鼠钠盐中毒	任何年龄	同上	同上	同上	同上	中毒后 3 天出现不食，呕吐进而出血性素质。鼻、齿龈出血，血便血尿，皮肤紫癜，关节肿大，跛行，腹痛，卧地不起，结膜发绀，窒息死亡	心脏冠状血管扩张。肝、脾、肾充血、出血。大面积出血，常见出血部位为胸腔、纵隔间隙、血管外周组织、皮下组织、脑膜下和脊髓、胃肠及腹腔。心脏松软，心外膜下出血，肝小叶中心坏死